罩衫马甲的着装效果

文化服装讲座

衬衫套装的着装效果

罩衫马甲的着装效果

连衣裙的着装效果

连衣裙的着装效果

连衣裙的着装效果

高等职业技术教育服装专业使用教材

文化服装讲座

（新版）

（1）

（日）文化服装学院　编

范树林　文家琴　编译

原理篇

- 服饰概论
- 衣服构成与人体
- 制图的基础
  - 原型
  - 省缝的分量与分割
  - 局部制图
- 制作工艺的基础

中国轻工业出版社

图书在版编目（CIP）数据

文化服装讲座（1）：原理篇/范树林，文家琴编译. —北京：中国轻工业出版社，2021.8

ISBN 978 - 7 - 5019 - 2197 - 3

Ⅰ. 文… Ⅱ. ①范… ②文… Ⅲ. 服装 - 基本知识 Ⅳ. TS941

中国版本图书馆 CIP 数据核字（98）第 13326 号

责任编辑：秦　功　刘忠波
策划编辑：秦　功　责任终审：滕炎福　封面设计：刘　静
版式设计：赵益东　责任校对：郎静瀛　责任监印：张京华

*

出版发行：中国轻工业出版社（北京东长安街 6 号，邮编：100740）
印　　刷：三河市万龙印装有限公司
经　　销：各地新华书店
版　　次：2021 年 8 月第 1 版第 15 次印刷
开　　本：787×1092　1/16　印张：7.5
字　　数：168 千字　插页：3
书　　号：ISBN 978 - 7 - 5019 - 2197 - 3　定价：24.00 元
著作权合同登记　图字：01 - 98 - 0861
邮购电话：010 - 65241695
发行电话：010 - 85119835　传真：85113293
网　　址：http://www.chlip.com.cn
Email：club@chlip.com.cn
如发现图书残缺请与我社邮购联系调换
210934J2C115ZYW

文化服装讲座(新版)1～6集介绍

文化服装讲座(1) 　原理篇	学习服装制作理论与技术的入门篇。主要内容：服饰概论、文化式原型的制图及应用原理、局部制图与基础缝制。
文化服装讲座(2) ● 基础篇	在第一集理论与技术的基础上，进行应用与发展。主要内容：男女式衬衣、裤子以及裙装的平面结构制图、样板与制作工艺。
文化服装讲座(3) ● 西装篇	本集主要内容：男女西装、马甲的平面结构制图、样板与制作工艺，并对每一服种又包括了多种款式。特体西装及样板的补正，也是本书的重要内容。
文化服装讲座(4) ● 茄克、大衣篇	从服装的品种，此集是前三集内容的延续。主要内容：男女茄克、大衣的平面结构制图、样板与制作工艺。
文化服装讲座(5) ● 童装、礼服篇	本集为童装、礼服篇。儿童的体型变化与特征，以及与设计的关系等。从基础制图开始，以 2 岁到 12 岁年龄的儿童为对象，囊括了所有品种。礼服内容：有礼服的分类及变迁，各类礼服的平面结构制图、样板与制作工艺。
文化服装讲座(6) ● 产业篇	本集较详细地介绍了服装产业的生产程序与样板制作方法。工业用样板的制作以及各服种的样板缩放是本集的重点。

内 容 提 要

本书是高等职业技术教育服装教材丛书之一。本集包括三个部分，共分四章。第一部分为服饰概论、衣服构成与人体，第二部分为制图的基础，第三部分为制作工艺的基础。

服饰概论介绍了衣服的起源、发展，服饰造型过程以及服饰用语等；衣服构成与人体，介绍了人体骨骼、测量部位、测量方法；制图基础，以文化女子原型为重点，介绍了各种原型的制图方法及应用原理。制作工艺的基础，对各种手针、机针针法进行了详细解说。

本书可作为高等职业技术教育服装专业教材，也可作为服装中专、服装企业工人、技术人员的技术提高、培训使用教材，对广大服装爱好者也是一本必备的读物。

译者简历

范树林 男 1966年出生于天津市，1989年毕业于日本东京文化服装学院。1987年至1989年在日留学期间主攻服装样板与制作工艺，回国后从事服装教育工作。现任中国人民解放军军需工业学院、邢台职业技术学院服装系主任、教授。出版有译著《服装样板设计技术》。

文家琴 女 1966年出生，祖籍湖北黄陂。1989年毕业于日本东京文化服装学院。回国后从事服装教育工作。现任中国人民解放军军需工业学院、邢台职业技术学院服装系讲师。出版有译著《服装样板设计技术》。

序

服装是人类精神文明与物质文明的浓缩，是文化的象征。时代造就了服装文化，同时服装文化又反映出了时代的政治、经济、文化、社会制度的特征。

随着社会主义市场经济的建立与逐步完善，服装业取得了长足的发展。人们不再停留在感性阶段认识服装，而是更加理智地去感知服装赋予人类的内涵。服装产业化程度的高低，往往反映出了一个国家现代化的进程。为进一步提高我国服装产业的水准，强化服装应用技术的作用，中国人民解放军军需工业学院、邢台职业技术学院服装系组织留日归国教师以日本文化服装讲座为原型，编译了这套教材，其中包括《原理篇》、《基础篇》、《西装篇》、《茄克、大衣篇》、《童装、礼服篇》、《产业篇》等六册。这套教材的编译完成，体现出了参编人员的长期探索与研究的成果，以及近十年来教学实践中的经验总结。他们既注重借鉴国外的有益经验，更注重同我国服装产业的有机结合。在目前我国服装应用技术教学中，在我国服装产业中，这套教材的出版，就其系统性和科学性上作了积极尝试与探索。

这套教材不仅适合我国高等职业技术院校服装专业作为教材使用，也可以作为普通高等院校服装专业教材，还可以作为中等职业技术学校服装专业的教学参考书，也是广大服装产业从业人员和爱好者的专业读物。

在这套教材的出版过程中，得到了国家教委职教司教材处、日本东京文化服装学院及文化出版局、中国轻工业出版社等单位和许多专家的大力支持，在此表示感谢。

中国人民解放军军需工业学院
邢台职业技术学院　院长 **杨旺才**

1997 年 11 月

前　言

中国人民解放军总后勤部与国家教委于1991年联合批文成立邢台职业技术学院，试办高等职业技术教育。学院在特色教学方面确立了以职业为导向、以能力培养为基础的培养目标，制定了与培养目标相适应的教学计划与教学大纲，据此编写出了这一符合教学大纲的配套教材。

本教材是在新版《文化服装讲座》的基础上融汇了作者留日期间所学以及多年的服装教学实践而成，经过三届学生的试用，教学效果良好，在对学生的技能培养方面发挥了重要作用。在内部试用过程中已经多次修订。

本教材具有很强的原理性与知识性，内容系统、全面，在编排形式上也有较大的创新，突出应用和职业技能的训练是本书的特点。本集第一至三章由范树林编译，第四章由文家琴编译。

在本书的编译过程中得到了日本东京文化服装学院学院长大沼淳先生、学务部部长古田隆吉先生，邢台职业技术学院院长杨旺才先生、副院长王建勋先生、服装系主任王佩国先生的关心与大力支持，在此向所有帮助和关心支持本教材的领导和先生们表示衷心的感谢。

由于编译水平有限，错漏之处在所难免，恳请各界读者及服装专业同行们多提宝贵意见，以便再版时修正。

编译者
1997年10月

目 录

第一章　服饰概论

衣服的起源　衣服的机能 …………………………………… 1
被服素材 ……………………………………………………… 5
衣服的分类 …………………………………………………… 7

第二章　衣服构成与人体

衣服构成的人体观察 ………………………………………… 11
衣服构成的人体构造 ………………………………………… 14
衣服的人体计测部位 ………………………………………… 19
测体 …………………………………………………………… 21
附：日本工业规格(JIS)的尺寸分类 ………………………… 27
成人女子参考尺寸表 ………………………………………… 28

第三章　制图的基础

服装制图的常用符号 ………………………………………… 29
服装制图的常用代号 ………………………………………… 30
服装制图的各部位名称 ……………………………………… 31
女子原型 ……………………………………………………… 32
省缝的分量与分割 …………………………………………… 34
男子原型 ……………………………………………………… 38
女子原型应用的男子衬衣原型 ……………………………… 39

成人男子用衣料的型号和参考尺寸表············42
成人男子用衣料的型号和参考尺寸表············43
成人男子用衬衣尺寸表·····················44
儿童原型·······························45
儿童参考尺寸表··························46
体型观察与样板展开······················47
应用原型的局部制图······················57
衬衣的基础····························73

第四章　服装制作工艺的基础

手缝································76
机缝································80
缝头的处理方法························80
折边的处理方法························83
手扦的几种方法························86
斜纱条的处理··························88
扣眼的制作方法························92
钉扣的方法····························99
钉按扣的方法··························101
钉挂钩的方法··························102
扣环的制作方法························103
打线结································105

第 一 章
服 饰 概 论

在现代文明社会中，人们穿着衣服是极其自然的事情。在严酷的自然环境中，如果没有衣服，就很难维持生命，也不会进行正常的社会生活。古往今来，人们由于对衣服动了脑筋，边适应各种各样的自然环境，同时又逐步培育出了如今的衣生活文化。因而现在衣服的文化作为服饰文化而逐渐被人们认可。还可以说，这是人们把消极的衣服向积极的服饰文化的一种转化。这里，消极的衣服是指，生活在自然环境中的人们，为防止寒、暑、风、雨等气候和虫子等的外来伤害，而穿着的保护身体的衣服。而那些在社会生活的变化中，能够便于行动、并能充分发挥个性的着装，就是积极的服饰文化。即便是对于我们平时所穿的衣服,那也有它的历史性和传统性。由于社会、时代的不同，衣服也受着各种各样的制约。

学习衣服的制作，首先要从基本的衣服的机能、着装目的入手，同时，也有必要掌握人体构造和环境、气候的关系等的生理学、自然科学和关于风俗习惯、流行等的社会科学的专业知识。以此为基础,还必须学习服装材料的选择、设计、制作和管理等所有的专业知识。

在这里，作为以上知识的一部分，简要说明一下衣服的起源、衣服的名称、服装的变迁、服饰造型等。

衣服的起源

在各种各样的动物中，为什么只有人类才穿用了衣服呢？关于这种衣服的起源论，从古希腊的环境适应说开始，产生了诸如羞耻说、装饰说等的学说，但都没有一个肯定的说法。

到现在，从考古学、自然人类学、文化人类学到心理学、美学、哲学，各个领域都流传着不同的见解。下面,我们看一下几个主要的说法。

1．环境适应说

为了在寒冷时保持身体的温度，为了防备外伤和害虫,要穿衣服。这是从生物学的角度来解释服装起源的说法。但是,居住在热带地区的民族也几乎没有全身裸体的。有的是

衣服的机能

为了逢凶化吉而把护身符带在身上，有的是把作为阶级的标志的东西带在身上。所以说，环境适应说，并不能完全说明衣服发生的全部经过，也不一定在一些重要的因素中没有异议。

2．羞耻说

居住在热带雨林地区的未开化民族，所穿的最小限度的衣服，几乎仅仅是遮盖了生殖器，由此而产生了羞耻说。但是，这也可以使人认为是防止外部的伤害。反而又产生了是由于出现了衣服，才使人产生羞耻感的说法。

3．吸引异性说

在动物中，如雄性孔雀和鸳鸯等，为吸引

雌性,而拥有漂亮的羽毛。因而也有人说人类的衣服是从男女间的吸引异性的动机中产生的。也被说成是种族保存说和性欲说。

4．装饰说

想要别人看到自己的美是人的本能。未开化民族的人们,在野兽皮的防寒衣上所加的刺绣,就是这种表现。他们还从身体涂色开始,像耳环、首饰、腰饰、脚环等,这种想方设法装饰身体的心理欲求,与生存的本能同样强烈。同吸引异性说相结合,把装饰说作为衣服发生的动机的学者也大有人在。

以上解释了几种说法。但是无论如何,人类在地球上是无所不在的,是从不同的气候、风土、风俗习惯的自然和社会环境中生活过来的。所以衣服发生的起源靠单一的动机来说明是很困难的。根据民族的不同,混杂有各种不同的动机,有时也会出现几种动机相互交替、变强、变弱的情况。但是,我们可以把衣服发生的动机分成两大类来考虑：其一,人类从自然环境中保护自身,为了维持生命的生理卫生的机能；其二,为了满足显示自己的欲望,为了夸示身份和地位的社会生活的机能。这样来考虑,对于我们也许会有益处吧！

在现在各种交通工具发达、冷暖设备齐备的文明社会中,生理卫生的机能在逐渐减弱,社会生活的机能在日益增强。仪礼服、制服具有时代性的流行服装,再加上美的着装和主张个性的心理要素,衣服越来越向着多样化发展。伴随着文化的多层次化而个性化更加进步的今天,在社会生活中衣服的着装目的,也会出现在某一面被简单化,在另一面被复杂化的事情。但是,无论在任何场合,对于衣服的思考都不能离开人们的行动格式。日常生活中当然要穿衣,对于社会性的生活来说,又要求它易穿易动,在构造上具有很高的机能性。也可以说人们都喜欢具有很高审美性的东西。

在制作衣服时,一定要在牢牢把握住衣服的着用目的（何时、何地、为什么）和机能的基础之上,留心作出既符合于时代,又不失美观的衣服来。

服 饰 用 语

关于穿着物的名称,有很多。如：衣服、被服、服装、服饰、衣装、衣料等。这些用语,在日常生活中,并没有被明显地区别使用。就是在学者间的意见也不一致。下面,就简单说一下符合一般解释的用语。

1．衣服

这个词从古代就被使用。仅指穿在人体的体干部和上下肢上的东西。

2．被服

涉及的范围要比衣服广。覆盖或包在人体上的东西,包括头上戴的和脚上穿的,都属于被服。

3．服装

包含被着装衣服的意思。涉及到形状和灵活的着用。

4．服饰

美的要素很强烈。比起衣服的实用性更强调衣服的装饰性。包含衣服及其附属品（装饰品）。

5．衣装（裳）

属于古典语的词语。所谓衣裳是包括上体衣（衣）和下体衣（裳）的合称。它不是日常的生活穿用品,是由于习惯而被说惯了沿用到现在的词语。在现代,如某些舞台衣装、结婚衣装等,被用在有限的范围内。

在本书中,"衣服"这个词用的比较多。其他用语也会适当使用。

服饰的发展

据说在经历原始共同生活时的人类,在衣服上不存在个人差别,过着极其平稳的生活。从纪元前3000年左右开始,随着一人统治的历史的展开,在解除了原始共同体的同时,产生了阶级分裂。统治者和被统治者、富有者和贫困者之间的差别在衣服上就表现了出来。时代的权威者和富有者,以穿上代表那个时代的高价衣服,来象征他们的权威。从服装史上可以看到,每个时代权威者的服装都是以主体形式罗列,原因就在于此吧。与此不同的是,古代的女子服也很华丽。但是经过装饰的女性又是男子的从属物。这也是通过衣服来加强性的魅力诱惑的手段之一。

衣服的样式,直接同生活目的相结合而确

埃及	希腊时代	哥特时代	文艺复兴时期	后腰垫形
	(古代)	(中世)	(近世)	(近代)

立下去。例如,根据气候、风土(南方、北方)的色调就被选择出来。用于衣服的素材,是决定衣服形态的重要因素。在古时,是用本国生产的素材制作衣服的。随着民族交流,导入了多样的素材,随之也诞生了新的衣服形态。

中世纪的拜占庭(公元330~1453)和哥特(13世纪~15世纪)等时期的华丽衣服,就是利用进口的绢织物而诞生的衣服形态。由于导入了各式各样的素材,衣服也向着多样化发展。同时,这种高贵的衣服,作为贵族中心的美的装束,也装饰着他们的历史。另一方面,劳动者所需求的衣服很朴素,目的在于寻求衣服的机能性。也就是说,衣服适合于生活目的的行动来确定衣服的样式。因而,穿着这些衣服的民族,也具有各自的特征。并且他们的性格、特性,也在那个时代的衣服上被明显地表现出来。

青铜器时代的葛尔曼民族,是粗野的民族。他们的着装很符合他们的性格。再有古希腊人,以麻作素材,依据高度的意识美,表现出了缠卷衣的美感。具有传统造型和丰富创造性的希腊服装,从古及今经历了千锤百炼。

衣服发展的另一个原因是具有"时代性"。举一个例子,以基督教为背景,发展的中世纪文化,对衣服及装饰品具有很大影响。对于神的信仰,表现在面向天空的教会建筑的塔顶。表示塔顶的锐角,又反映在延伸成细长圆锥形的帽子的形体上,再就表现在光辉耀眼的衣服的素材和形状上了。如果撇开了基督教,也就不会深刻理解当时的服饰特征及其发展了。

从基督教的盲从解放出来,迎来了文艺复兴时期。文艺复兴,是人类的再生运动。这个时代,男女衣服在性差上有着明显的进展,确立了女性的紧身内衣,这种内衣可以补正、固定女子的体型,使女子特有的体型通过衣服表现出来。以后,以此为基础,制作出了具有造型风格的衣服。并且,又及时地同先进的素材相结合,衣服的设计与技术,也从近世纪开始向近代转化,翻开了服装史上光辉的一页。在16世纪~18世纪中制作出来的优秀贵族服装,具有循环性,又被现代生活所再生。这个事实,如果翻阅一下服装史,就会很清楚。像前面说过的,衣服的发展是在各种原因中诞生的,有发展、有灭亡,以时代的充实内容为基础再次复兴等，才使发展和变迁延续到现在。

现代的日本衣服，大多数是在西洋衣服的变迁过程中被引进来的。相对于和服来说简称洋服。完全进入到生活中的时候，要上溯到大约100年前。明治16年（1883年），作为日本政府的社交机关，设立了具有欧洲风格建筑的"鹿鸣馆"，并且专门进口了西洋服装在这里穿用，是当时以上层和贵族阶级为对象的极其高级的社交服。"鹿鸣馆"的名称也来自衣服的形状"bustle style"。

另外，皇宫中的女子服采用洋服的时候，是在明治19年（1886年）。以后，开始穿用洋服的女性在逐渐增加。迎来了20世纪以后，在世界范围内女性明显地加入了社会活动，对于适合于新生活的、具有机能性的衣服的欲求，也更强烈。经过一个世纪的努力，终于形成如今独树一帜的流行趋势。

服 饰 造 型

从衣服及其装饰品的制作到完成，就是服饰造型。它的造型美，要依据着装来发挥。也就是依照时间、场所、目的等的生活环境来决定素材和设计，根据平面作图或立体裁剪打出样板，进行裁剪，而后是试穿，修正体型和设计间的问题，改订样板再进入正式裁剪和缝纫。穿上完成的作品后，再挑选适合的装饰品。经过这一连贯的过程，也就完成了服饰造型美。

衣服，首先一定要满足穿着本人的心理要求（或穿上的感觉）。站起、坐下、行走、工作，具有适合于日常生活中所有动作的机能性是首要问题。同时，整体的形状和局部的设计变化也要舒畅、美观，并应体现出人体。再就是要具有魅力，给周围的人以好感。在完成造型美的过程中，应注意的几个必要事项在以下加以解说。

1．设计

对于掌握和运用穿用者体型的特征和个性很重要。必须充分考虑着装的目的、场所和时期。同时，还要注意它的时装性、社会环境及其制作过程等的很多局部因素来决定设计，在此基础上，对于选用何种素材要仔细推敲，而后购买所需材料。

在工业性生产设计的情况下，一面要满足很多人的要求，一面还要有能够满足不特定的多数人的机能度很高的设计（例如把腰围尺寸设计为通用等）。

对于订做服，同成品服稍有不同。使之适于个性，具有充分的感性是很必要的。

2．打样板、裁剪

从制作由平面作图或立体裁剪而得到的样板，到布的裁断过程，叫裁剪。如果裁剪不当，设计虽好，衣服也不能穿。所以说它很重要。首先，要仔细观察体型，进行正确的尺寸测量。在制作样板时，一方面要考虑穿着的机能性，一方面还要考虑塑造出谐调美的形体。因此，要注意整体的比例、长度、余量和局部等的变化。

在制作工业用样板时，既要考虑到无浪费的排板，又要考虑到能否在制作过程中省时、省力、提高劳动效率。

3．缝制

缝制方法有很多种。比如个体裁缝、高级订做服装店、大批量的工业生产等。巧妙的设计加上素材和辅料的正确处理方法，再加上正确的缝制，那就再好不过了。首先要仔细考虑制作的顺序，归纳出缝纫、整烫和手工作业的程序，制作出一个合理的缝纫工艺表，这对于提高劳动效率很重要。如果能够根据素材的不同，正确使用粘合衬等，就会既快又好地完成制作。因而，对于牢固掌握基本的缝纫方法很重要，同时，还重视正确的管理制度和管理方法。

4．着装

衣服在着装后，才开始发挥它的机能。在实际生活中，要搭配上腰带、饰针、鞋、帽子、手持物等装饰品，而产生整体的效果。无论多么美丽的服装，也会因人的感性不同，发生明显的价值变化。在考虑装饰物的形状、色彩、大小和装饰方法的同时，穿用者要想掌握服装的气氛（即效果），也必须留意自己的动作。

仅仅一套服装，可以反复琢磨其装饰品的搭配方法和穿法的变化，可以设想出多种着装效果。有道是奥妙不尽,趣味无穷。

被服素材

构成被服的素材,有以线、纺织物、编织物为主的纤维,还有皮革、毛皮、橡胶、合成树脂等。从着装上、机能上、价格上来说,被加以广泛利用的是纤维。这里,以纤维、纱线、纺织物和编织物为中心,说明一下它们的特征和使用方法。

纤维是一种直径很细,而长度又在直径的1000倍以上的东西。棉花就是这种纤维。用它构成了更易于使用的线和布料。在纤维中,分为已经以纤维形状存在的天然纤维和由人工制作的化学纤维两种。

纤维的分类和用途

		纤维的种类	被服用途
天然纤维	植物纤维	棉	衬衫、罩衫、睡衣、袜子、线、内衣、衬类
		麻	衬衫、罩衫、衬类
	动物纤维	毛	绅士服、妇人服、儿童服、外套、袜子、围巾、衬类
		丝	妇人服、罩衫、围巾、领带、和服、里布、机线
化学纤维	再生纤维	人造纤维,波里诺西克纤维	妇人服、儿童服、罩衫、里布
	半合成纤维	醋酯人造丝,三醋酯纤维	
	合成纤维	锦纶	女贴身内衣裤、袜子、长统袜、雨衣、运动服、缝纫线
		涤纶	绅士服、妇人服、儿童服、罩衫、运动服、里布、缝纫线
		腈纶	妇人服、儿童服、袜子、腈纶衫
		维纶	工作服
		氯纶弹性纤维	女贴身衣、运动服

天然纤维

棉:是最普通的实用纤维,感觉蓬松,有一定的强度。特别是浸湿后比干燥时强度大,因而具有洗涤容易、吸湿性好的优点,并且对皮肤也好。印染和各种加工也较简便,素材的应用、变化也很丰富。缺点是易形成褶、易缩水。

麻:非常结实,且比棉的感觉更为松散,着装后,无论是本人还是给人的感觉都很凉爽。干得也快,是夏天的材料中不可缺少的。

毛:有羊毛和兽毛等。基本的性质很相似,但是也有不同的特性。具有保温性好、弹性强、不易打褶等优点,且吸湿性也好,反过来,斥水性也好。因为具有挺实、柔软的感觉,是一种被广泛应用的素材。缺点是,用肥皂等洗涮后,会起毛、缩水等,易形成毡子模样。并且对湿度也很敏感,尺寸易发生变化,因此,在构成被服时有必要加以注意。

丝:在天然纤维中最细且长的纤维,从一只蚕中大约可以得到1500米长的纤维。这种细长的成因,带来了本身的柔和感和悬垂性。光泽和染色性也好。并且印染花色也多。

化学纤维

人造丝:具有丝的感触,价格便宜。但是易打褶、缩水,浸湿后强度极端低下,因此不适于实用。波里诺西克和科普拉是把以上缺点改良后的类型。

醋酯人造丝,三醋酯纤维:强度不大,具有丝的感触和光泽,吸湿性、透气性良好,染色性能好。

合成纤维：基本上与合成树脂的性质相同。也就是具有热变形的性质，可以进行褶固定等。洗涤后也会收缩，但不易起褶，缺点是吸湿性不强，易产生静电，易起球。

锦纶（聚酰胺纤维）：非常结实，伸缩性好。轻快、柔软，常用于运动服和长统袜。

涤纶（聚酯纤维）：不易打褶，不易变形，可单独或同其他纤维混纺，被广泛使用。同尼龙一样，非常结实，并且还有比尼龙更加挺实的特征。被经常用做妇人、儿童的外衣面料。根据加工，可以达到同棉、麻、绢相近的效果。

腈纶（聚丙烯腈纤维）：丙烯腈系纤维，轻快、体积大、保温性好，有像毛一样的感触。以编织物为主，可以单独或同其他纤维并用。缺点是易起球，也有被改良以后的类型。

维纶（聚乙烯醇纤维）：价格便宜，耐摩擦，在染色和发色上有一定制约，被服用途很少，加工后的效果同木棉相近。缺点是气烫后易收缩。

氯纶弹性纤维（聚氯乙烯纤维）：伸缩性、弹性较大，有橡胶式的特异性质，用途较多。

丙纶（聚丙烯纤维）：是合成纤维中最轻的一种。回弹力较大，具有良好的保暖性、抗水性、耐腐蚀性。用丙纶做的衣服不透气，穿着时有闷热感。丙纶纤维可纯纺或混纺成各种纺织品，用于服装、袜子、手套等。

除此之外的合成纤维，还有许多品种，但作为服装面料却需要不多。相信随着石油化工工业的发展，还会出现许多新的、性能好的纤维，以适应纺织、服装工业的发展。

纱线

在纤维中，有像棉、毛式的短纤维和像丝式的连续长纤维，所以纺纱的方法和性质也各不相同。用数根短纤维捻成的线叫纺织线，用数根长纤维捻成的线叫丝线。连续长纤维也可截为短纤维，制成纺织线。

纺线比起丝线多起毛，但柔软、保温、弹性强。也可用两种以上的不同纤维制成混纺线。

丝线比起纺线起毛少，平滑、有光亮。同混纺线相对，还有混纺丝。

纺线时，加捻纤维的方法有S捻（右手捻）和Z捻（左手捻）两种。一般，缝纫机线为Z捻。在纺织乔其绉等时，S、Z向捻线交互使用，产生褶绉的外观。

加捻的强弱对线和纺织品的性质也有影响。弱的加捻，具有柔软性，被用于手织毛线；一般强度的加捻，用于机线和纺织线；较强的加捻，用于需要产生乔其绉效果的纺织线等。经过纤维的纺织，得到的初级阶段的线叫单纱。它不怎么结实，主要用作纺织线。用两根以上的单纱加捻成的均整的、结实的线叫股线，特别是由两根单纱组成的股线叫双线。这些都被用作机线和纺织线等。

纱线的粗细，是以它的重量和长度为基准来表示的。以前纺织线的单位使用"支"。在棉纱中，如果1磅（约453克）重的棉纱长度有840码（约768米），就规定为1英支。随着支数的增大，线变细。实际上，质地厚的棉布（如牛仔服的布料）多用10支～16支的棉纱，质地薄的上等棉布多用70支～100支的棉纱。毛线的支数也有其规定，但是粗细和支数的关系，同棉支一样。丝线的单位使用旦尼尔。如果9000米长的丝线的重量有1克的话，就规定为1旦尼尔。随着旦尼尔的增大，线变粗。现在采用法定计量单位，支和旦尼尔均改用"特[克斯]"。

$$特[克斯]数 = \frac{583.1}{英制支数}$$

$$特[克斯]数 \approx 0.111 \times 旦尼尔数$$

毛线根据纺织方法的不同，分为纺毛线和精纺毛线。纺毛线是以较短的纤维为主体制成的毛线，表面起毛较多，特征是较柔软。如粗花呢、麦尔登呢等。精纺毛线是以较长的纤维为主体制成的毛线，表面起毛较少，且较为牢固。如全毛华达呢、哔叽等。

合成纤维线的性质，因为具有塑料式的特有性质，要进行改良，产生了具有膨胀性和伸缩性的加工线。此外，像混纺线、混纤线的复合线、伸缩线、装饰线等，也随着用途不同，被加以利用。

在线的主要用途中，除织线、编线外，还有机线。具有代表性的如棉线、丝线、尼龙线、的确良线等。机线的粗细，用棉支等来表示，随支数的增大，线变细。

衣服的分类

我们平时穿衣服及各式着装,一方面是自我表现的手段,另一方面又表示参加了社会的某种生活。因此,在多样化的现代生活中,服饰所具有的含义也就越来越重要了。并且,在产业界中作为送货一方的厂家和接受一方的消费者之间,对于衣服基本知识的共识,今后将变得非常重要。

在衣服的基本知识中,首先是要了解衣服的分类。关于分类法,一般是从"机能分类"与"设计分类"来加以考虑的。

机能分类又分为形态分类和用途分类。

形态分类是从衣服的构造上来区分的。如是连衣裙还是套装,是上衣(罩衫、西服等)还是下衣(裙子、裤子等)的分类。

用途分类是与生活方式或生活目的等相适应,根据用途的不同而进行分类的方法。如礼服、日常服、运动服、制服等。

设计分类是以机能分类为基础,而进一步划分的分类。如造型分类、形象分类等。

造型分类是根据衣服的轮廓、形状进行分类的方法。如下述分类:

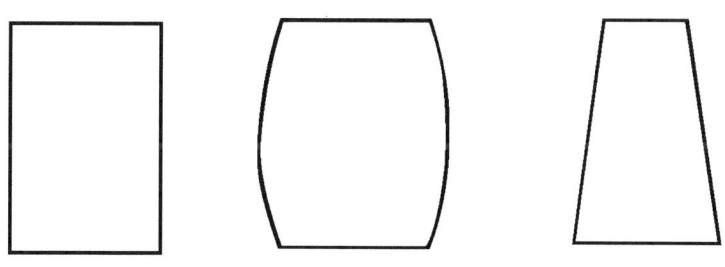

箱形　　　　　　酒杯形　　　　　　梯形

形象分类是以衣服所具有的风格、设计背景进行分类的方法。如便服、传统服、女服等。

如上所述,衣服就是根据各种不同的要素进行分类的。并且,这些要素或因子甚至名称等,随社会环境的变化而变化,向多样化发展。

总之,已有了若干个基本的分类法,根据各类目的的不同而加以使用。

按用途分类

婚礼服　　　　常礼服　半礼服　　夜礼服

夜便礼服　　燕尾服　　宴会服　　　外出服　　学生服　　商业服

家庭服　围裙　便服　浴衣　睡衣　晨衣　网球服

滑雪服　溜冰服　游泳服　高尔夫服　骑马服　猎装　旅行服

远足服　　骑车服　　海滨服　　游艇服　　　　制服　　　孕服

第二章
衣服构成与人体

对于衣服的构成来说,审美性与实用性作为一个复合体起着重要的作用。本书主要以衣服的实用领域为主体来探讨它的组成。

作为衣服构成的基本要素之一,如果追究起衣服的机能性、人体的运动量等时,就必须先了解与人体有关的一些基础知识。因此,只有在从解剖学的角度来理解人体构成的基础上,才能正确进行体型问题的研究、测体或人体表面的观察等,以便在以后的样板展开和制图中灵活运用,制出符合于人体机能的服装。

衣服构成的人体观察

在学习衣服构成的时候,总是只顾学习服装的设计、素材或技巧等等。但这是不够的,还应深刻理解与掌握着装人的不同体型。

要想做出既好看又符合人体机能的衣服来,确实不易。作为一件好的服装,不仅合体,穿着还要舒服。那么,为便于日常生活中的活动而进行设计就成为一个重要条件。

关于人体的构造、机能等在解剖学、生理学的各领域中都已有了专门的研究体系。在这里,可以边参考、边从衣服构成的立场来进行人体观察。首先学习从人体表面开始观察,从骨骼了解构造以及产生运动的肌肉等,然后,再涉及到衣服直接接触皮肤的移动性等有关人体的各个问题,逐渐联想到衣服构成。

人体的方位与衣服的方位见图2-1。

一般,方位就是指方向的意思。就像在地图中被规定了东西南北、经纬度一样,人体也有定出基本方位的必要。在人体中,以头顶与脚底的连线(正中线,参照第15页)为基础,与此相对应来决定角度的叫方位。图2-1表示了人体的基本方位。

按解剖学或生理学中的研究,人体的基本姿势为在水平面上两脚尖并拢直立,胳膊放下后,手掌朝前。但在测体时的姿势与此不同之处,是两脚尖要张开,手掌朝向体侧自然站立。

把这样直立的姿势放入立方体中,看到的脸、胸、腹、膝等部位为前面,后背、臀部等的朝向为后面;头上的方向叫上面,脚下的方向叫下面;前面与后面之间的两侧的面为左侧面和右侧面。

如果从外侧看人体的话,左右几乎是相称的。那么,左右各一半的分开线叫正中线,由正中线切开的断面叫正中面。在解剖学中,接近于正中线、正中面的方向叫内侧或内方,远离的方向叫外侧或外方。这些只能在相对于正中线和正中面的方位上使用。并且有时也会有"内"表示深层、深部,"外"表示浅层、浅部等意思。

人体的体表区分和在衣服上的区分见图2-2、图2-3。

人体由于骨骼、肌肉、脂肪等的突起与陷落作用,形成了凹凸不平的复合曲面。大体上人体可分为体干部与体肢部两部分。体干部

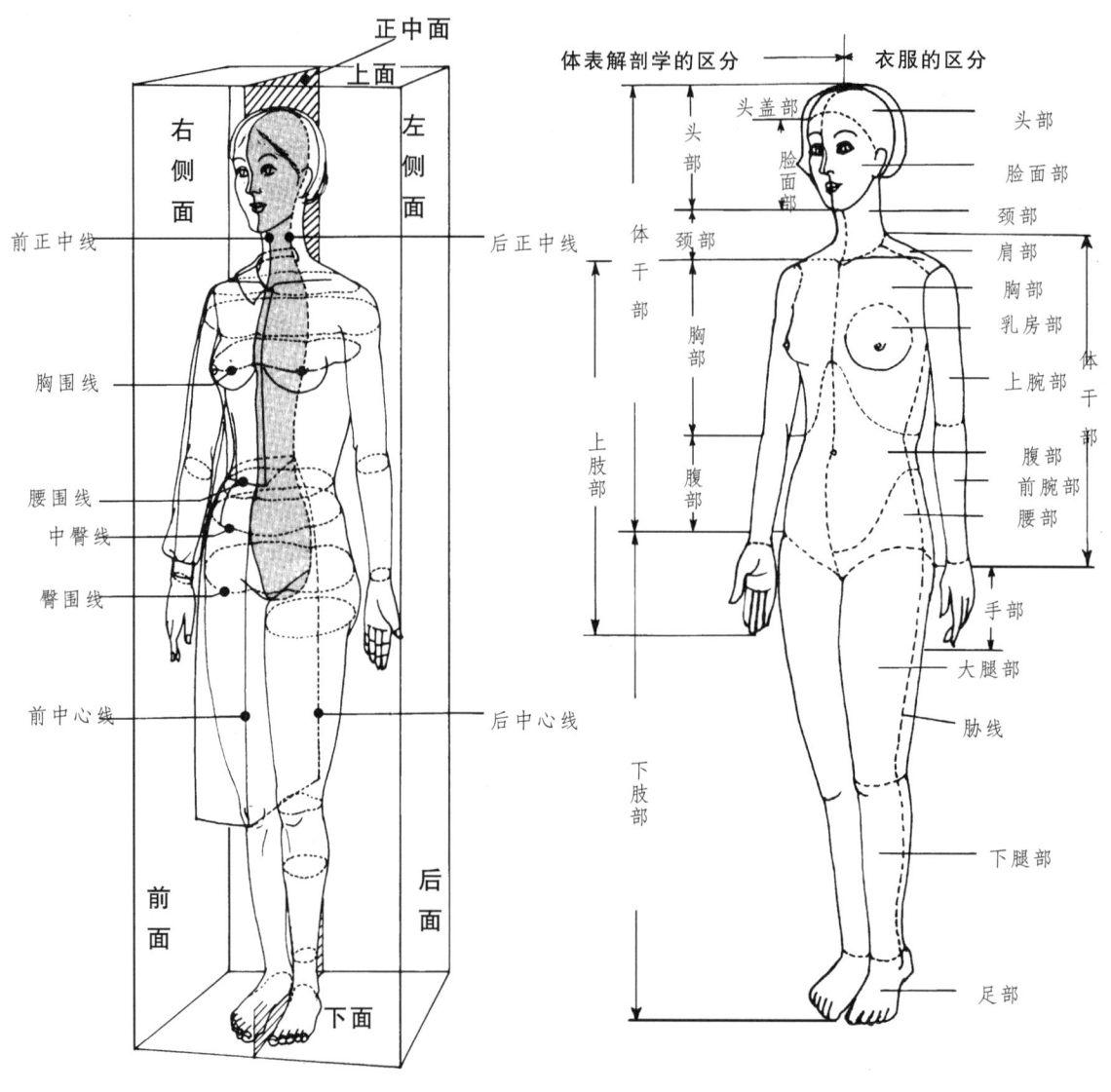

图 2-1

图 2-2

由头部和胴体部组成,然后派生出了体肢部。体肢部又分为上肢部与下肢部。所谓的上肢部是指胳膊与手,下肢部是指腿与脚。这样,在人体观察中,以此为基础进行体表区分,就分别起了不同的名称。

其次,在解剖学中所说的颈部这一体表区分的界限,从衣服构成上便划分到了肩部。也就是说,并不一定与解剖学是一致的。

在这种情况下,就规定使用迄今为止所使用过的衣服构成的名称。在图 2-2、图 2-3 的体表区分图中,左半身表示体表解剖学的区分,右半身表示从衣服构成的角度所采取的最佳效果的区分。因此,在参考这些的同时,要把人体与衣服区分的差异,作为焦点进行深刻的理解。

体 干 部

1. 头部

头部与颈部的界线在正中线上，从下巴的下端开始，通过左右下颌的下缘，再沿左右耳根的下端到达后头部的隆起（外后头隆起）的线。

头部还包括面部，其界线是从下颌的下缘开始经过耳后，再从颚关节（鬓角）到生长毛发的边缘来进行区分。

2. 颈部

颈部与胴体部的界线为，从颈围的前中心点开始沿左右的颈侧点，再与颈围后中心点（第七颈椎点）相连接的位置。这与原型的领口线基本一致。颈部根据不同的运动，其颈根周围的形状变化是非常大的。

这样，在衣服的构成中，款式设计不必多言，那么机能性的一面也是必须要注意的一个地方。

3. 肩部

把胴体放入立方体内后，就被前面、后面、侧面、上面、下面所围住。肩部属于上面，但并没有明显的界线，要以脖颈的粗细或胳膊的厚度为基准。也就是说，所谓的肩线就包含在其中，是衣服构成中的重要部位。但是在体表解剖学中，没有肩部的区分，它是颈部的一部分。

4. 胸部, 背部, 乳房部

解剖学上的胸部是指包括前面和后面的胸围的整体，而在衣服构成中，应把胸部的后面称做"背部"更贴切些，因此，就特别提出来叫"背部"，与胸部相区别。那么，前面的胸部与后面的背部之间的界线，就在体厚的中央（侧缝线）线上。与腹部的界线在前正中线上，从剑状突起附近开始到胸部的下线，一直与背部的水平线相连结的线。乳房部根据人种、年龄的不同，差别非常大，特别是在女服中，无论是从前身的造型上，还是在审美的角度中，都是衣服构成的重要因素之一。

5. 腹部

从胸部的下方到骨盘之间的部位。在接近后面的体表处只有脊柱，是没有骨骼的地方。腰围线就在这个位置的中间。

6. 腰部（臀部）

在腹部的下面，到下肢界线之间的部分。正好在骨盘的位置，腰部的后面包括臀部。

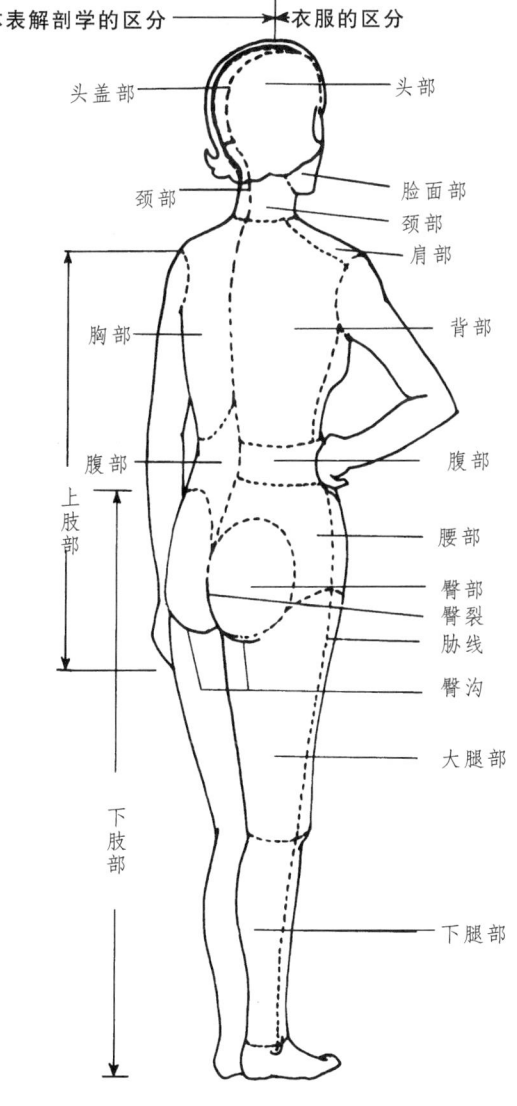

图 2-3

体 肢 部

1．上肢部

上肢区分为上腕部、前腕部和手部。上腕部是从与胴体的界线开始到肘围之间的部分，前腕部是从肘围开始到手腕之间，手部是从手腕开始到指尖。但上肢与胳膊是同一个意思。上肢是解剖学用语，胳膊是一般使用的词语。

2．下肢部

体干部与下肢的界线是：从臀部（臀部下端的沟）到大腿部绕水平一周也可以，但这里从人体构成上来分的话，就是通过转子点，再沿鼠股沟（前面大腿根部的沟）到臀沟的连线。从与体干部的界线开始到膝围（膝盖骨中点的位置）是大腿部，从膝围到脚腕（外踝点的位置）是下腿部，从脚腕到脚尖是脚部。这样分成了三部分。

衣服构成的人体构造

要想真正把握人的体型，就必须按照上一节所讲的顺序，先从构造上来了解人体。这里，举出一些对衣服构成有直接或间接作用的事项来加以说明。

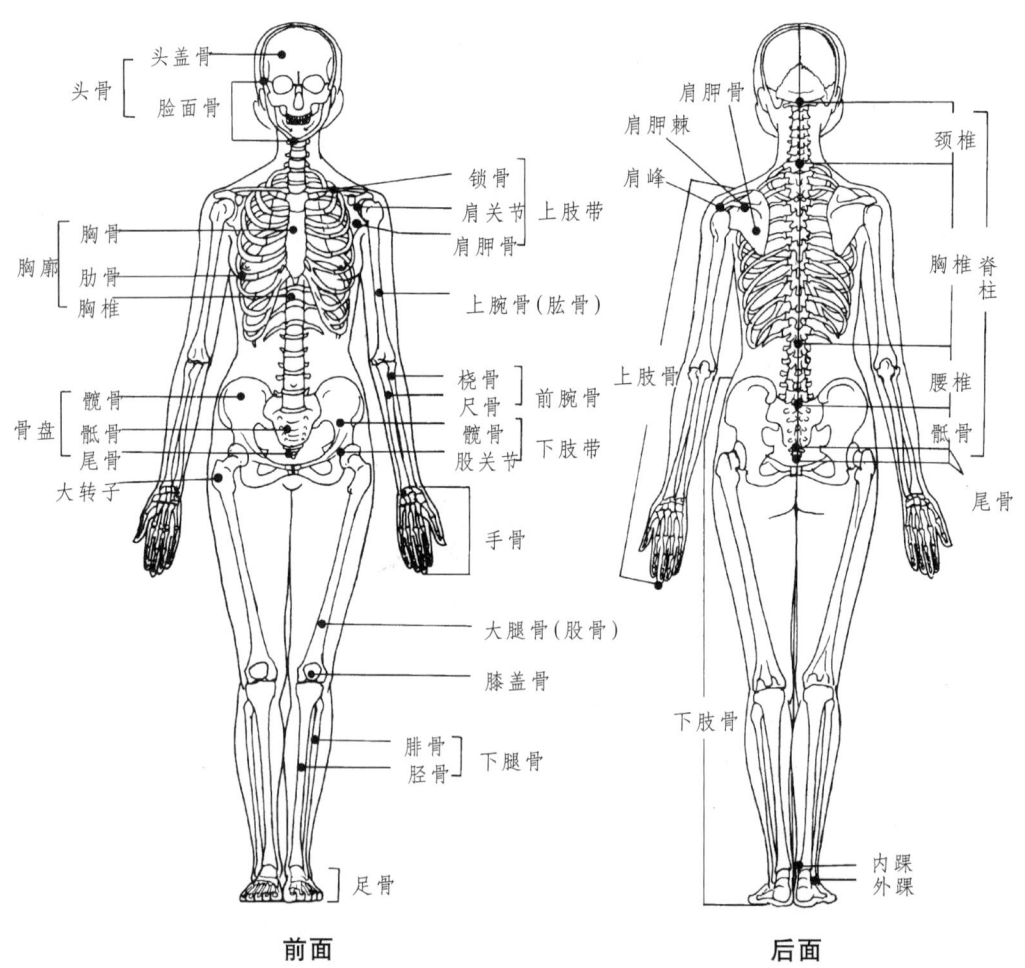

图 2-4①

人体的骨骼

人体的骨骼(图2-4、图2-5),成年人由200余块形状各异、长度不同的骨头组成。骨头由各个关节相连接,在上面附着筋与肌肉,通过肌肉的伸缩使骨头加以活动。对照图2-4可看出骨头所处的位置,这里解说主要部分。

1. 脊柱

体干构造上的中轴骨,由32~35个椎骨上下连接成柱状的骨骼。各部由颈椎(7个)、胸椎(12个)、腰椎(5个)、骶骨(1个)、尾骨(3~5个粘连)组成。从侧面观察是S状的一条弧线。从体表面能触摸到各椎骨向后方的棘突起。特别是第6、7个颈椎突起较明显,成为测定点。

2. 胸部

胸部由12个胸椎和12对相连的肋骨,还有一个前面的胸骨组成。骨架呈现出一个篮子的形状。在它的内部,有肺和心脏等。在胸廓的前面有乳房。在成年女性中,从第2到第6或第7个肋骨间是乳房的底面,第5和第6个肋骨间是乳头。包含有乳房的胸廓的形状,对衣服构成有直接的关系,是非常重要的位置。

3. 上肢带

上肢带是由在胸部背面上部的肩胛骨和横在胸廓前面上部的锁骨组成。肩胛骨与锁骨相连接,在作出肩部造型的同时,又是胳膊下垂的一个装置。上肢带的可动范围很广,根据胳膊的运动,肩部与腋下(袖窿)的形状,会发生非常大的变化(参照图2-5)。

4. 肩胛骨

大约呈三角形的扁平骨,在胸部的背侧上方,在第2到第8肋骨间的位置。在肩胛骨后面的上方处是突起的肩胛棘。在肩胛棘的外前方,有较大扁平的突起,把这个叫做肩峰。肩峰是决定肩宽的测定点之一。在外侧角的位置有关节窝,有轻微的凹陷。这个关节窝连着上臂的骨头,成为肩关节。

5. 锁骨

在胸部前面的上端呈S状稍带弯曲的横连长骨。锁骨的内侧与胸骨相连,外侧与肩峰相连。那么,端肩与溜肩的体型,由锁骨与胸骨连结角度的状态来决定的。

6. 骨盆

构成腰部(臀部)整体的骨骼叫骨盆。在脊柱下方的骶骨与尾骨左右与髋骨连

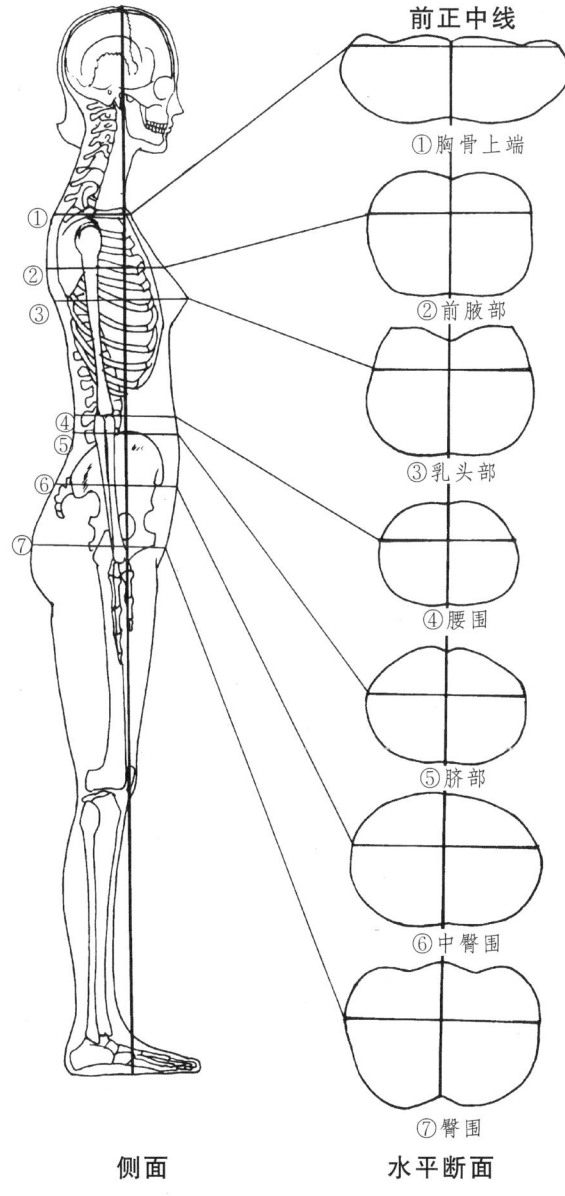

①胸骨上端
②前腋部
③乳头部
④腰围
⑤脐部
⑥中臀围
⑦臀围

前正中线

侧面　　水平断面

图2-4②

接,呈臼状形。这个形状就叫骨盘。髋骨在外侧,与大腿骨连接,成为股关节。把这个称作下肢带。同上肢带一起,可动的范围很广(参照图5)。当制作裙子、裤子等的时候,一定要特别注意下肢带的构造与运动。骨盘是在人体的骨骼中最能体现男女性差的地方。

7. 髋骨

看起来像是一块大的骨头,它是由上部的髂骨、下部的坐骨、前部的耻骨三种骨头结合在一起构成的。

8. 大腿骨

在人体的骨头中是最长的,上端的骨头与髋骨的关节窝相连接,构成了股关节。比骨头稍靠下,在外上侧有突出的大转子。这也是衣服制作的测定点,是决定臀围线时的重要基准(图2-4②)。大腿骨的下端与膝盖骨和下腿骨的上端相连接,组成了膝关节。

9. 膝盖骨

位置在膝关节的前面,像薄型栗子式的小骨头。它的中点也是一个测定点,是决定裙长时的一个基准。

骨 的 连 接

1. 关节

由2个或2个以上形成骨骼的骨头,组合成相连接的地方就叫关节。人体所有的动作都是通过关节的运动来进行的。

2. 关节的构造

一般是一方的骨端突出,形成关节头,另一方的一端凹进去,形成关节窝,这样组合而成。像肩关节这样较浅的凹陷与上腕骨的组合,使得胳膊的运动范围很广;像股关节那样大腿骨的头部被深深包住的地方,比起肩关节来运动范围就要窄了(参照图2-5)。

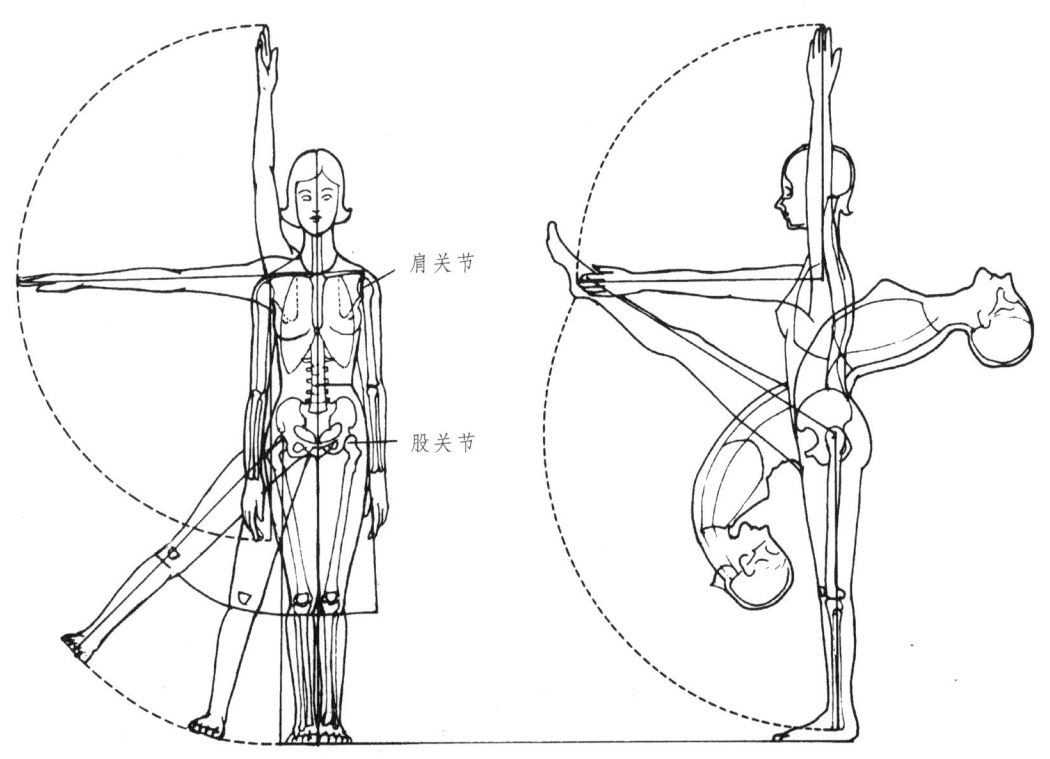

图 2-5

关节的种类可以大体上分两种，一种是像头盖骨那样骨与骨之间连接紧密，几乎处于不动状态下的不动关节，一种是由肌肉等连接组成的可动关节。关节相连的骨与骨根据关节的形状与构造，便决定了运动方向与运动范围。再就是关节有只在两个骨头之间相连的单关节（例如指关节）和有三个以上的骨头组成一个关节的复关节（例如手腕关节）。除此以外的关节分类，还有根据运动状态来分的。

这样，了解了各个关节的运动方法及可动范围后，对做出机能性很强的衣服来是大有益处的。

人体的肌肉（图 2-6）

在体型的造型中，还存在一个要素，就是肌肉。根据形状与作用的不同，肌肉有很多种分类与命名。从大的方面分类的话，有附着在骨头上，由人的意识来掌握运动或停止的肌肉，有与内脏相关联的肌肉。前者叫浅层肌，后者叫深层肌。

1. 肌肉的组成

肌肉非常柔软且富有弹力，是由纤维状

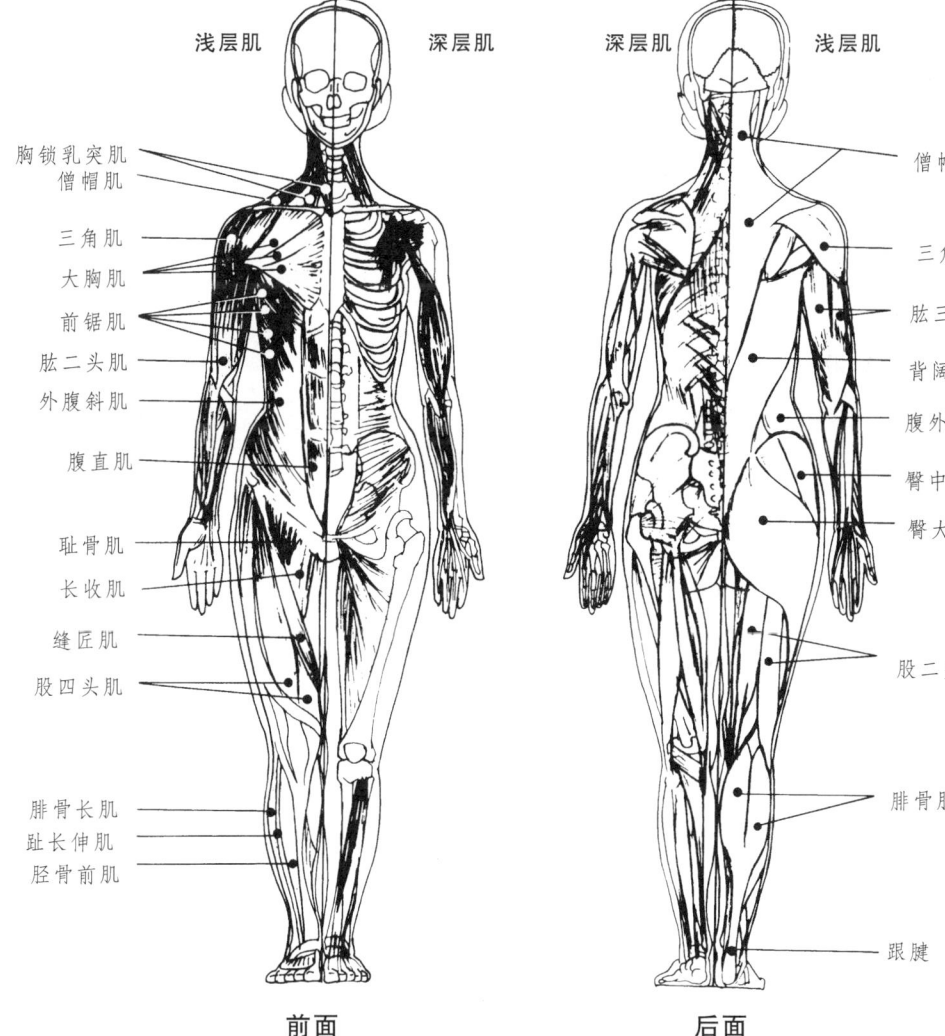

图 2-6

的组织组成为一束的东西。它附着在2个或2个以上的骨头上。它的作用是，由收缩肌（屈肌）和伸长肌（伸肌）组成，通过相互运动（称为拮抗作用）来带动骨头，使人体产生运动。也就是无论哪一方的肌肉一收缩，就由关节动带动了骨头动作，同时另一方的肌肉就伸开了。

再就是肌肉在骨骼上，并不是一律都是平的。有些部分是平行的，有些地方是交叉的。或者是二重、三重，在体表面形成浮雕状。尤其是男性，隆起状非常明显。女性由于皮下脂肪较多，就不会形成像男性式的浮雕状，而形成、表现的却是较为柔和的曲线。下面选出几种肌肉加以解说。

2．胸锁乳突肌

颈部肌肉中的一种，是使颈部活动的唯一肌肉。可以使头向后转、颈向左右转动、向前倾倒等。

3．大胸肌

几乎覆盖了胸部前面的大块肌肉，像展开的扇形。它是胳膊在胸前作大幅度运动时的主力肌。特别是在靠近胳膊的地方正是前腋点的位置，由于运动的产生，变形是相当大的，因此皮肤的移动也很大。

4．僧帽肌（斜方肌）

在胴体的背部，以脊柱为中心的菱形平肌。从颈部到肩、背，广泛地覆盖着背面的上方，其中一部分成了肩部的造型。这块肌肉当上臂运动的时候，是带动肩胛骨运动的重要肌肉。当肩部收缩时，肩宽会变窄，当肩下垂时，下部在运动。并且，也能起到使头向后或侧方扭曲的作用。

另外，据说僧帽肌是与中世纪欧洲僧侣的带有头巾的僧衣形状相似，因此得名。

5．背阔肌

大面积覆盖背部下方的肌肉。它的上端达到了上腕骨，与大胸肌一起成为使大臂起牵引作用时的主力。做引体向上动作时，它能进行强力收缩，来支撑身体的重量。

6．三角肌

像三角布式地包住肩关节，组成肩部圆弧形体的肌肉。当举物运动时，它能进行作用。

7．臀大肌

组成屁股造型的肌肉。当赛跑或跳跃运动时，就能看到臀大肌的强烈运动。它能使大腿后引，并对骨盆作用使身体后仰。

除此以外还有很多种的肌肉。图中所示的肌肉名称是人体的浅层部肌肉，在这些肌肉上有皮下脂肪，上面覆盖有皮肤，由此产生了人的体型。

皮肤的移动性

因为覆盖人体表面的是衣服，所以，就有必要对衣服直接接触的皮肤进行观察。

当裸体的时候做抬臂、曲臂等动作时，无论是朝哪个方向运动，都不会感到皮肤有丝毫的抵抗力。但是，当穿上内衣类等衣服后，再做同样的动作时，就感到有明显的抵抗力。再有像连衣裙这样上下相连续的和一些紧身的衣服，抵抗感就更强烈了。这是因为皮肤的伸缩状态和衣服素材的伸缩差，产生了"牵带"等的关系，由此而产生了不适感。此外，还由于关节的运动、肌肉的伸缩变形、衣服的素材与构造没能巧妙地融为一体，便在素材与皮肤之间产生抵抗力。

皮肤只在某一个特定的部分与特定的方向内进行移动、伸展。并不是像皮筋那样地伸长，也不会像布料那样单纯地伸长。它是伴随着人体的运动而移动的。

体干部中的皮肤移动，根据位置的不同，差异很大。例如，在靠近胴体的正中线附近，前后面的移动程度都很小，而腋下这一块，从腹部到背部的斜向部分，是移动最强烈的地方。

上肢带的运动，也就是所谓的肩的活动。随着上臂的摆动，背宽、胸宽、腋下到腹部的形状都发生变化。皮肤的伸展率增大后，相对应的肩宽尺寸缩小。下肢带与上肢带相比，皮肤的移动并不是流畅的，只有臀裂与臀沟的部分、鼠股沟与大转子的部分（参照图2-5）伸缩率很大。并且鼠股沟与臀沟是拮抗（一方伸展后另一方收缩）型的关系。

衣服的人体计测部位

要想做出合体、舒适、好看的服装来,就要测量着装人的身体尺寸,取得数值是做出形状的前提。一般是使用皮尺来测量人体的各部位长度。要正确地测出尺寸来,就必须正确地定出人体的计测点。对于不好测量的部位,最好使用滑动的长尺。

计测点(图2-7)

说到人体的计测点,从人体计测学的角度说,是以骨骼的计测为基础而决定的计测点。这些计测点也有可以直接应用到衣服构成中的,但也有不必要的点或不足之处的点。这里采用了在衣服构成中独立应用的点,对于这些点的找法,按(图2-7)的顺序进行解说。

在实际测体的时候,要在被测者的体表上做计测点的标记。这些标记可用麦克笔划"+"号或粘贴"▼"形的胶带。

(1) 头顶点 用正确姿势站立时,在头部的最高处。它是在平板上测量身长时的基准点。要使用身长计进行计测。

(2) 下颌点 在前正中线上的下颌的下端。从这个位置测到头顶点,那么头部的长度就出来了。当知道身长值时,除以头长,就知道了各自的头身表示数。

(3) 颈围前中心点(front neck point,FNP) 在前正中线上,左右锁骨的中央部,颈根的位置,稍凹陷的地方。在骨骼中为胸骨的上端。

(4) 颈围侧点(side neck point,SNP) 在颈围线上,从侧面看是从颈根宽的中央稍靠后侧的位置。它是决定肩线的基点,在造型上是很重要的点。但是,这块地方并没有一块作为基准的骨头,因此,要看好前后左右的比例后再定。

(5) 肩端点(shoulder point,SP) 从侧面看,大约在上臂宽的中央位置,比肩峰点稍微靠前。从前面看,在肩峰点稍靠外侧的位置。这个点是作为上袖的基准点——袖山点的位置,因此,也是决定肩宽和袖长的基点。

另外,肩峰点(⑤′)是把骨骼的肩峰(在肩胛棘的前方)在皮肤的上方求到的点(参照图2-4),比较容易找,所以在定肩端点的时候,要先找出肩峰点,再设定在前外方。

(6) 前腋点 在袖窿线上,当上肢(胳膊)下垂时,出现在上肢与体干部的交界处,是竖褶的始点。但这种表现方法存在有个人差。因此,胳膊向侧方稍抬,可看到从胸部向臀部过渡的大胸肌(参照图2-7⑥)下端,这就是前腋点的位置。

(7) 乳头点(bust point,BP) 是胸部的最高处,也就是乳头的位置。是衣服构成中的重要基准点。因乳房的形状由于年龄的不同而变化,所以,这里以成人女性的计测点为表示点。

(8) 腰围线(waist line,WL)前中心点 指腰围线与前正中线的交点。

(9) 肠棘点(上前髂骨棘点) 在骨盆位置的上前髂骨棘处。这一点也是中臀线的位置。它的找法是,仰面躺下,可触摸到臀骨的最高处,这就是肠棘点。

(10) 转子点 在大腿骨的大转子位置。这一点也是臀围线的位置,是衣服构成上的重要一点。找这点的时候,腿向外侧张开就容易看出。

(11) 股长上点 这一点是决定胴体长和腿长的位置。在人体计测学中没有这一点,它是测定下裆长、腿长、体干部长度的重要基准点。测量方法是,在大腿根的内股位置,放入一把直尺或像铅笔式的东西,测量从这个位置到地板上的垂直长度。有时也能用这种方法从臀沟部测量。

(12) 颈围后中心点(back neck point,BNP) 指第7个颈椎的突起。脖颈向前倾倒

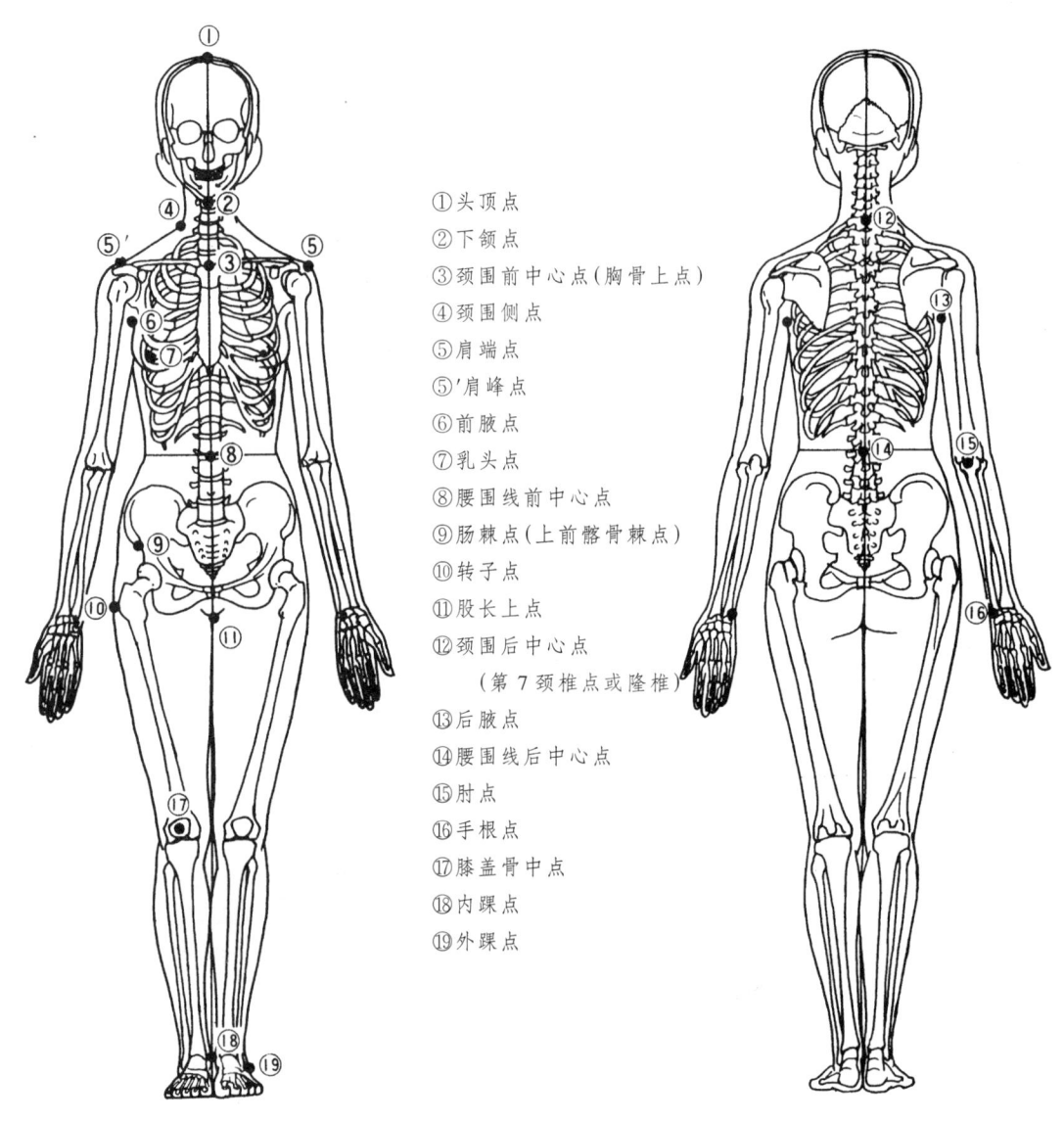

图 2-7

就能看到，从体表也能触摸到。在解剖学中，称为第 7 颈椎棘突起或隆椎。它是测量背长和衣长的基准点。

(13) 后腋点 同前腋点一样，指在胳膊下垂时，在腋根部出现的竖褶始点。与肩端点、前腋点一起，都在袖窿线上决定。

(14) 腰围线后中心点 腰围线与后正中线的交点。

(15) 肘点 是肘关节的突起点，这点在尺骨（参照图 2-4）的上端，是袖子构成上的重点。

(16) 手根点 在手腕的位置，是小指侧的突起点，尺骨最下端的点，是测量袖长、肩袖长时的基准点。

(17) 膝盖骨中点 膝盖骨中央的点。

(18) 内踝点 是胫骨最下端的突出点。

(19) 外踝点 是腓骨最下端的突出点，比内踝点的位置低，是测量裤长等的基准点。

测 体

1. 测体前

要制作出穿着方便、具有很高机能性,并且造型优美的衣服,首要任务是要进行正确的人体测量。这就要求在测体前找准测定部位,尤其是要正确定出颈围的各计测点和肩峰点、腰围线的位置等。

用具:皮尺、腰带(用斜纹织布或腰衬)、尺寸记录单、笔等。

在腰带宽的中间画入一条醒目的线,绕腰围一周。准备腰带的时候,要比实际的腰围尺寸长出5cm～10cm较为合适。

被测体者要穿上紧身衣(里面穿好胸罩和吊袜松紧带),穿上鞋,系好腰带,以极自然的姿势站立。

测体者要站在不使被测体者产生不快感的位置(斜右前方),要有条不紊、迅速地正确测体。在测体的同时,还要观察出体型的特征。

如果不得已必须在衬衫或连衣裙的外面测体时,要估算出它的余量再进行测量。

这样测量后的尺寸,就作为在制作套装和大衣等时的基本尺寸(净体尺寸)。另外,如果在体型中看不出左右有什么差异的话,就以右半身为基准进行测量。但是,如果左右身有明显差异的话,那么两侧都要测量,以作为制图时的参考。

2. 测量部位与测量方法 (见图2-8～图2-35)

(1) 胸围(图2-8) 通过乳峰点的位置使皮尺围成水平状,注意不要使尺子过紧或过松。后背因为有突出的肩胛骨,要注意尺子易下落。

(2) 乳下围(图2-9) 在乳房的下端用皮尺围水平一周测量。这个尺寸在购买胸罩时会有用处。

(3) 腰围(图2-10) 把测体前准备好的腰带系好后,测量一周。

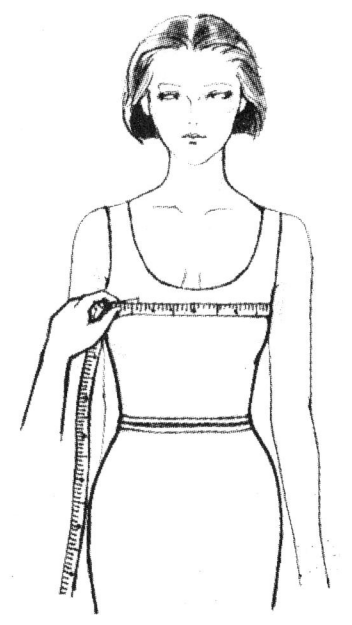

图 2-8

图 2-9

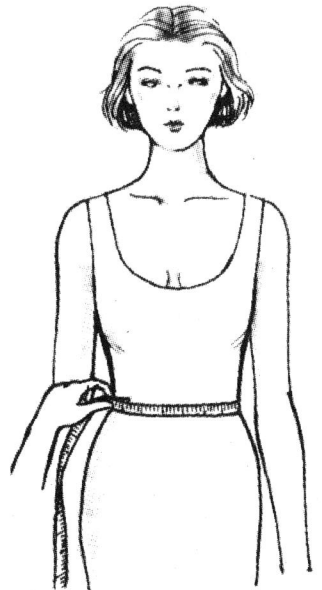

图 2-10

(4) 臀围（图 2-11） 在臀部最胖的位置水平测量一周。碰到腹部突出的人或大腿部较发达的人时，要预计其肥胖量，不要使测量的尺寸不够。

(5) 中臀围（图 2-12） 大约在腰围与臀围中间的位置水平测量一周。因为臀部的形状根据髂骨的大小和脂肪的多少各不相同，所以这个尺寸也很重要。

(6) 袖窿周长（图 2-13） 通过肩峰点、前后腋点和臂根点围量一周。在这个尺寸中加上 1/10 左右的余量，便可作为袖窿尺寸的基准。

(7) 大臂周长（图 2-14） 在大臂最粗的位置水平量一周。特别是对于大臂较粗的人是很必要的尺寸。

(8) 肘围（图 2-15） 曲臂后通过肘点围量一周。在紧身袖制图的时候这个尺寸很必要。

(9) 手腕周长（图 2-16） 通过掌根点围量一周。

(10) 手掌周长（图 2-17） 拇指轻轻向掌侧弯曲，通过拇指的根部围量一周。

(11) 头围（图 2-18） 通过前额的中央、耳的上方和后头部的突出部位围量一周。

(12) 领围（图 2-19） 把皮尺立起来，通过后面、侧面和前颈点围量一周。

(13) 大肩宽（2-20） 是左右肩峰点之间的长度，要通过后颈点测量。

(14) 背宽（图 2-21） 测量背部左右后腋点之间的长。

(15) 胸宽（图 2-22） 测量前胸左右前腋点之间的长。

(16) 乳峰点的间距（图 2-23） 测量左右乳峰点之间的长。

(17) 背长（图 2-24） 从后颈点到腰带中间的长度，要适合于肩胛骨的外突，有一定的松量。在这里，要进行背部观察。如脖颈根部周围的肌肉发育状态和是否驼背等。

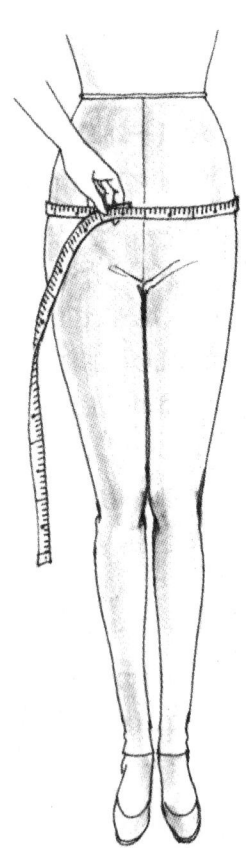
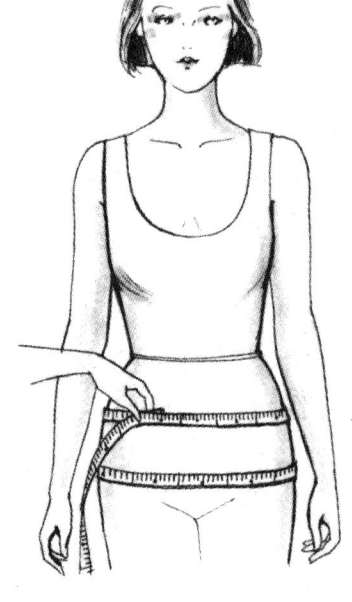
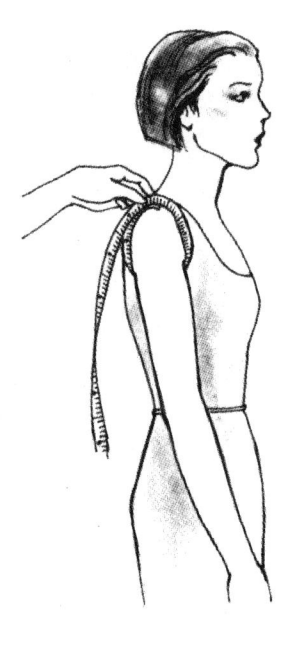

图 2-11　　　　　图 2-12　　　　　图 2-13

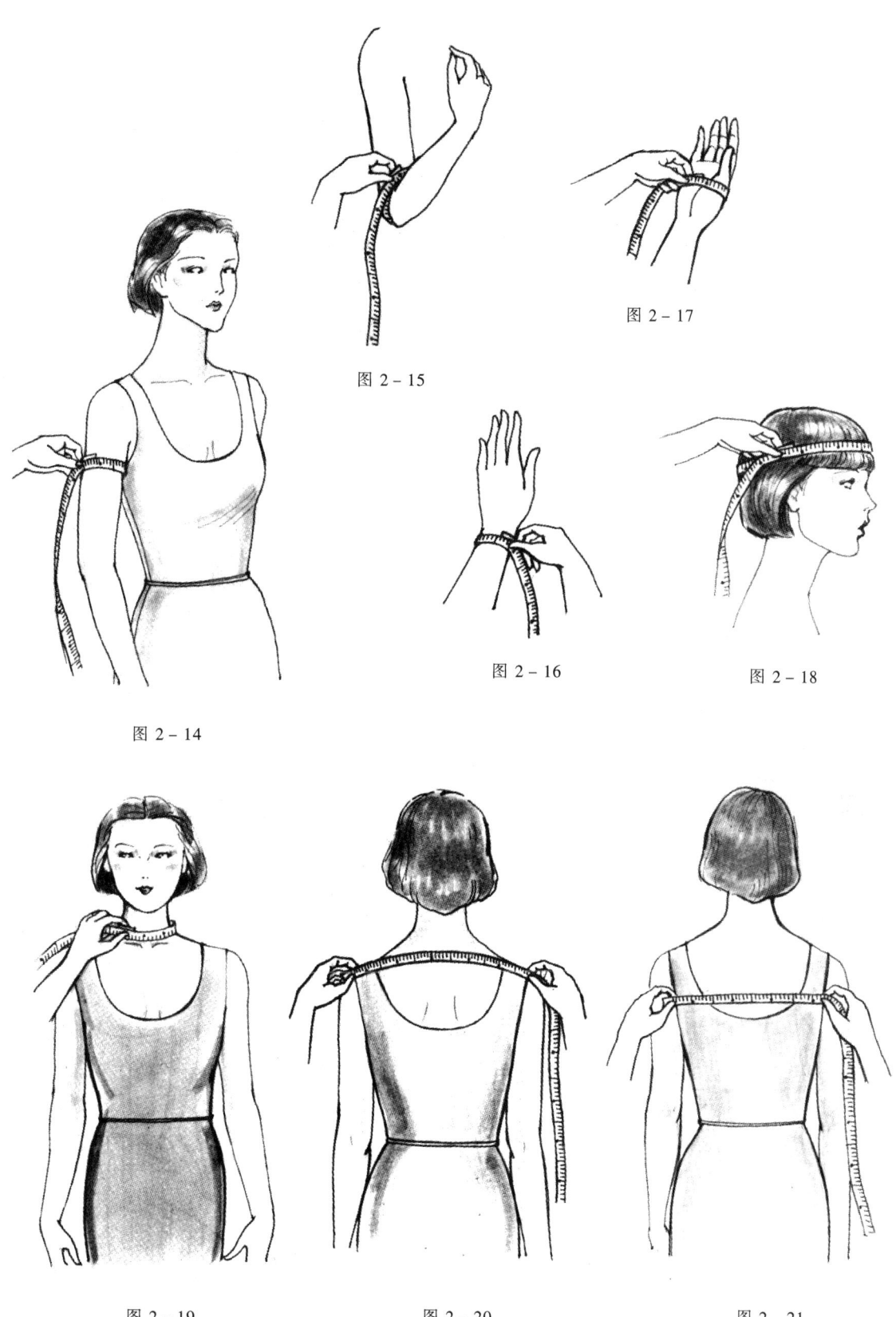

图 2-15

图 2-17

图 2-16

图 2-18

图 2-14

图 2-19　　　图 2-20　　　图 2-21

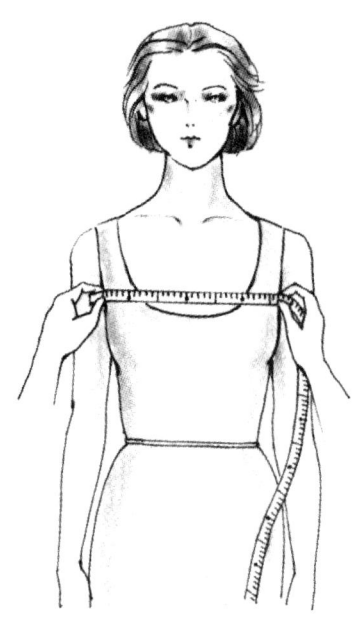
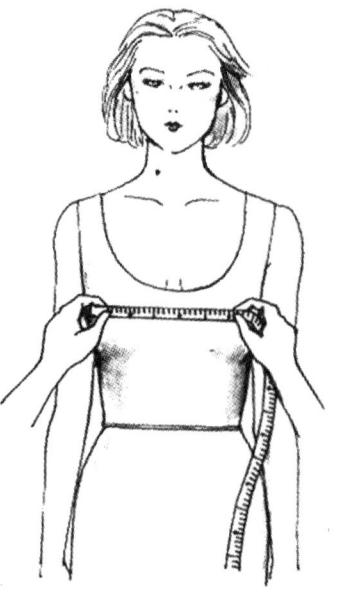
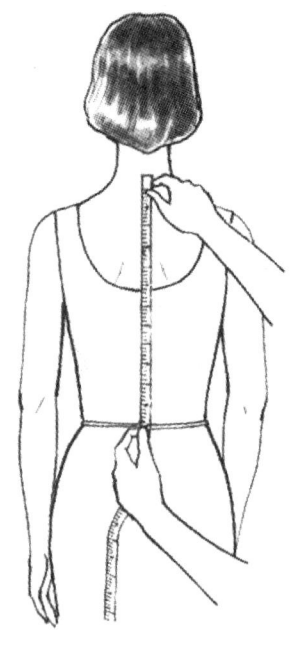

图 2-22　　　　　　　图 2-23　　　　　　　图 2-24

(**18**) **总长**（图 2-25）　从后颈点向下垂放皮尺，在腰围处轻轻按住，量到脚底。

(**19**) **后长**（图 2-26）　从侧颈点开始经过肩胛骨量到腰围线。

(**20**) **前长**（图 2-27）　从侧颈点开始经过乳峰点量到腰围线。通过前长与后长的差，就可以了解到胸部、背部等的体型基准。例如：在前长比后长大的情况下，就说明是胸部较高、背部弧度较小的体型。反之则是胸部较低、背部弧度较强的体型。此外，还可以了解到是不是挺身体、屈身体和肌肉的发育状态等。

(**21**) **乳下垂**（图 2-28）　从侧颈点到乳峰点间的长。

(**22**) **腰高**（图 2-29）　从腰围线到臀围线间的长度，要在靠近侧缝的位置测量。

(**23**) **下档长和立档长**（图 2-30）　下档长，是在股的根部轻轻按住测量到脚踝骨的长；立档长，是在侧缝的长度中减去下档的长度。测量立档长时，是从腰带的中间量到股根部的长。

(**24**) **肩袖长和袖长**（图 2-31）　肩袖长，是从后颈点开始经过肩峰点，沿自然下垂的胳膊量到手根点。

袖长，是从肩峰点量到手根点的长度。与肩袖长减去 $\frac{1}{2}$ 大肩宽的尺寸相同。

肘长，稍屈臂后从肩峰点量到肘点的长。

(**25**) **衣长**（连衣裙长，图 2-32）　指制作衣服的长度。从后颈点量到制作衣服的底摆线。在制作西服时，大多是以背长为基础再加放定寸。另外，衣长也是根据当时的流行及服种、体型、年龄、爱好等的不同而各异。

(**26**) **膝长，裙长和裤长**（图 2-33、34、35）　膝长，是在前面从腰围线量到膝盖骨的中间的长（图 2-33）。以这个长度为基准来决定裙长。

从连衣裙的长度中减去背长度便是裙长，但根据不同时期的流行等也会变化（图 2-34）。

在侧面，从腰围线经过膝盖量到外脚踝骨便是裤长，但这也是基准尺寸，可以根据爱好来决定裤长（图 2-35）。

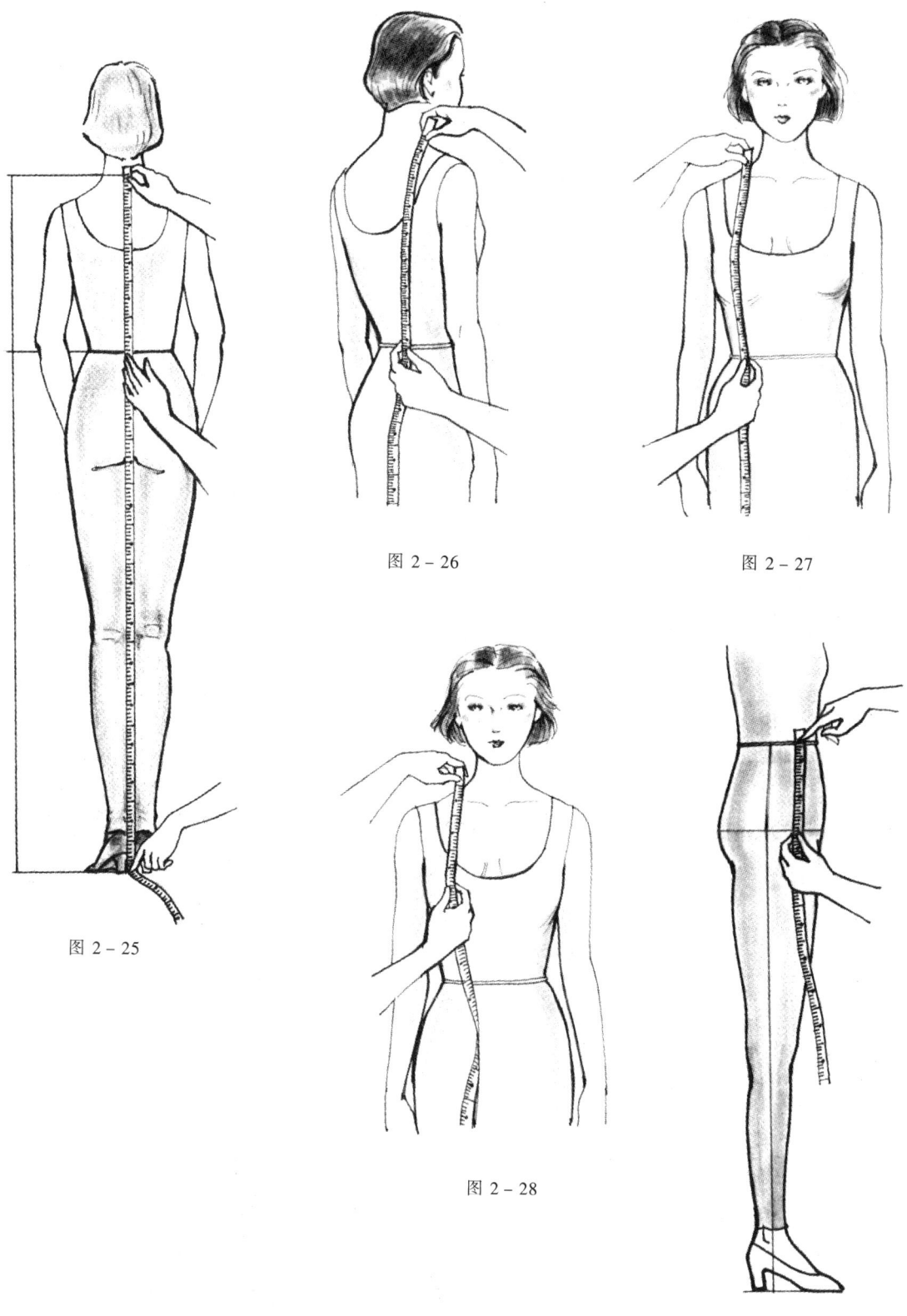

图 2-25

图 2-26

图 2-27

图 2-28

图 2-29

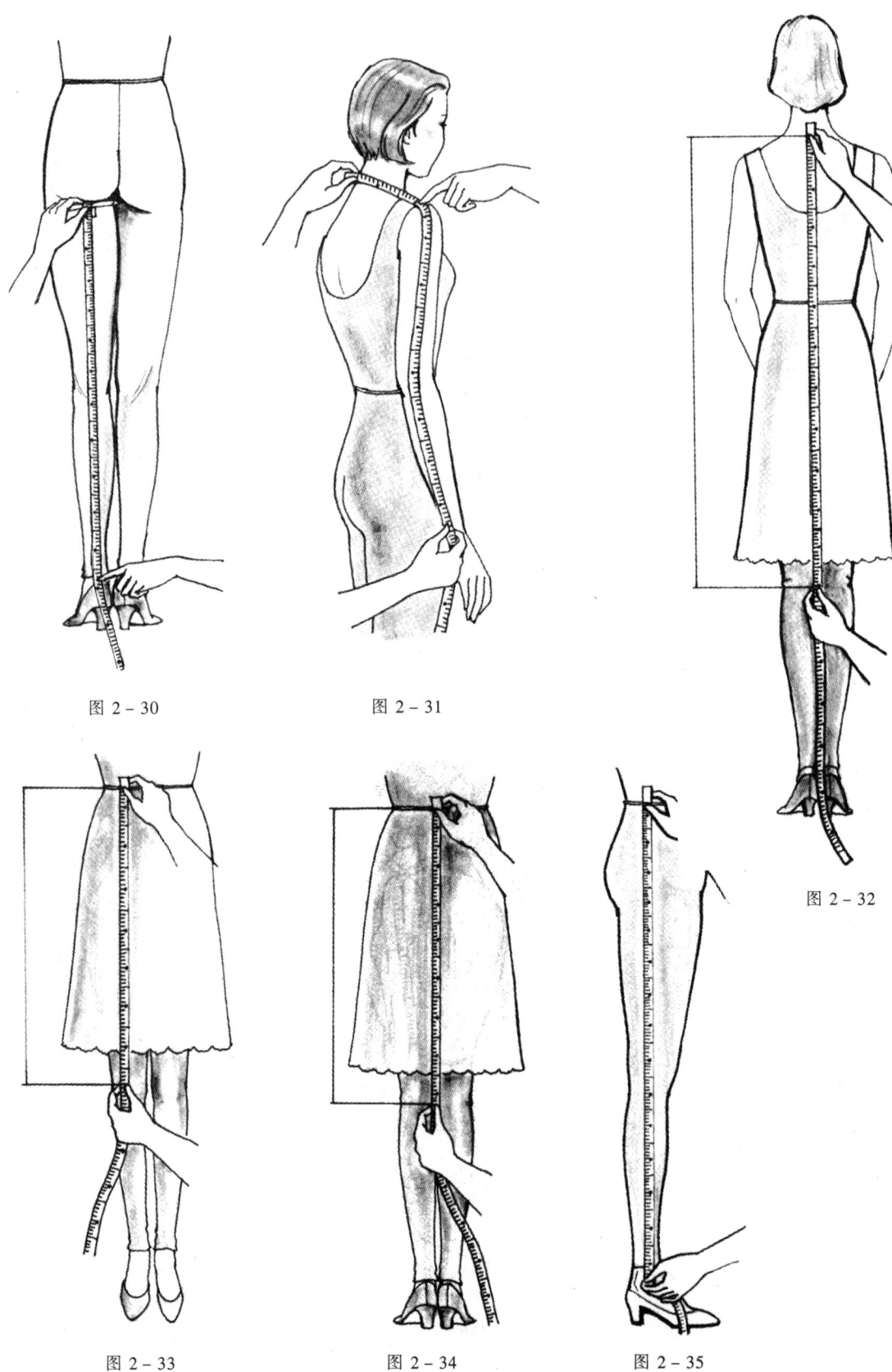

图 2-30

图 2-31

图 2-32

图 2-33

图 2-34

图 2-35

附:日本工业规格(JIS)的尺寸分类
(Japanese Industrial Standard)

JIS的尺寸以身长、围度(胸围、腰围、臀围)来制定。

a. 身长的分类

身 长/cm	144—(148)—152	152—(156)—160	160—(164)—168
符 号	P(Petit)	R(Regular)	T(Tall)
意 义	矮	普	高

b. 体型的分类

A 体 型	全身各部尺寸比较均衡,属基准体
Y 体 型	臀围比A体型小4cm
B 体 型	臀围比A体型大4cm

c. 体型分类与身长分类的组合

身长/cm \ 体型		Y	A	B
P	148	YP	AP	BP
R	156	YR	AR	BR
T	164	YT	AT	BT

d. 号数表示

胸围73cm为3号
胸围76cm为5号
胸围79cm为7号
胸围82cm为9号
胸围85cm为11号
胸围88cm为13号
胸围差为3cm,大于88cm时,差为4cm。

e. 体型分类、身长分类与号数的组合

5YP　　　　9AR　　　　13BT

成人女子参考尺寸表

单位：cm

部位	型号 相当于JIS型号	S		M			L		LL		EL
		5YP	5AR	9YR	9AR	9AT	13AR	13BT	17AR	17BR	21BR
围度尺寸	胸围（B）	76		82			88		96		104
	乳下围（UB）	68	68	72	72	72	77	80	83	84	92
	腰围（W）	58	58	62	63	63	70	72	80	84	90
	中臀围（H）	78	80	82	86	86	89	92	94	100	106
	臀围（H）	82	86	86	90	90	94	98	98	102	108
	袖窿	35		37			38		40		41
	大臂周长	24		26			28		30		32
	肘围	26		28			29		31		31
	手腕周长	15		16			16		17		17
	手掌周长	19		20			20		21		21
	头围	54		56			56		57		57
	领围	35		36			38		39		41
宽度尺寸	大肩宽	38		39			40		41		41
	背宽	34		36			38		40		41
	胸宽	32		34			35		37		39
	乳峰间隔	16		17			18		19		20
长度尺寸	身长	148	156	156	164		156	164	156		156
	总长	127	134	134	142		134	142	135		135
	背长	36.5	37.5	38	39.5		38	40	39		39
	后长	39	40	40.5	42		40.5	42.5	41.5		41.5
	前长	38	40	40.5	42		41	43.5	43		44.5
	乳下垂	24		25			27		28		29
	腰高	17		18	19		18	19	18		19
	立裆	25		26	27		27	28	28		30
	下裆	63	68	68	72		68	72	68		67
	袖长	50		52	54		53	54	54		53
	肘长	28		29	30		29	30	29		29
	膝长	53	56	56	60		56	60	56		56
体重（kg）		43	45	48	50	52	54	58	62	66	72

第 三 章
制图的基础

服装制图的常用符号

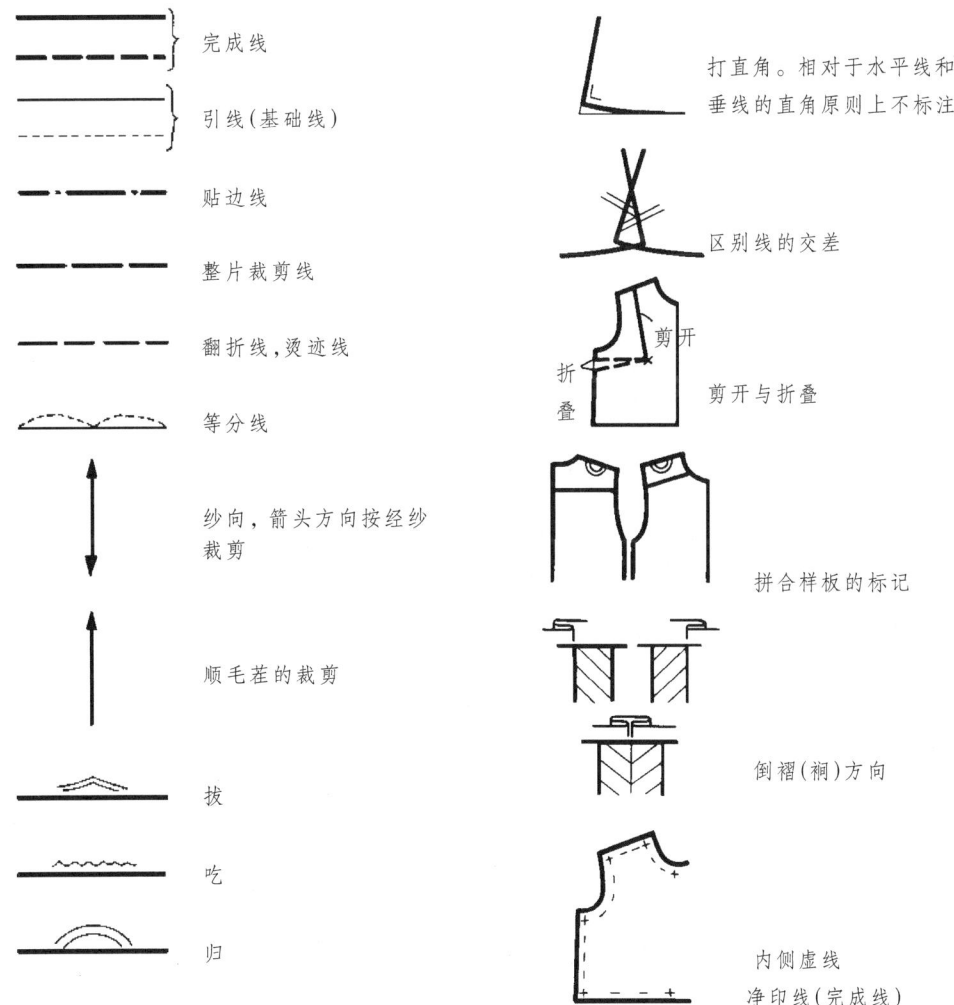

注：制图尺寸使用的是成人女子参考尺寸的"M（9AR）"。使用量也是以此估算的。本文中所使用的"化纤"，是指化学纤维（再生纤维、半合成纤维、合成纤维）的总称。

服装制图的常用代号

名　称	代　号	外文名称说明	
胸　围	B	Bust	バスト
乳下围	UB	Under Bust	アンダーバスト
腰　围	W	Waist	ウエスト
中臀围	MH	Middle Hip	ミドルヒップ
臀　围	H	Hip	ヒップ
胸围线	BL	Bust Line	バストライン
乳峰线	BPL	Bust Point Line	バストポイントライン
腰围线	WL	Waist Line	ウエストライン
中臀围线	MHL	Middle Hip Line	ミドルヒップライン
臀围线	HL	Hip Line	ヒップライン
肘　线	EL	Elbow Line	エルボーライン
膝　线	KL	Knee Line	ニーライン
乳峰点	BP	Bust Poine	バストポイント
侧颈点	SNP	Side Neck Point	サイドネックポイント
前颈点	FNP	Front Neck Point	フロントネックポイント
后颈点	BNP	Back Neck Point	バックネックポイント
肩峰点	SP	Shoulder Point	シヨルダーポイント
袖　窿	AH	Arm Hole	アームホール
头　围	HS	Head Size	ヘッドサイズ
前中心线	FC	Front Center	フロントセンター
后中心线	BC	Back Center	バックセンター

服装制图的各部位名称(图3-1~图3-4)

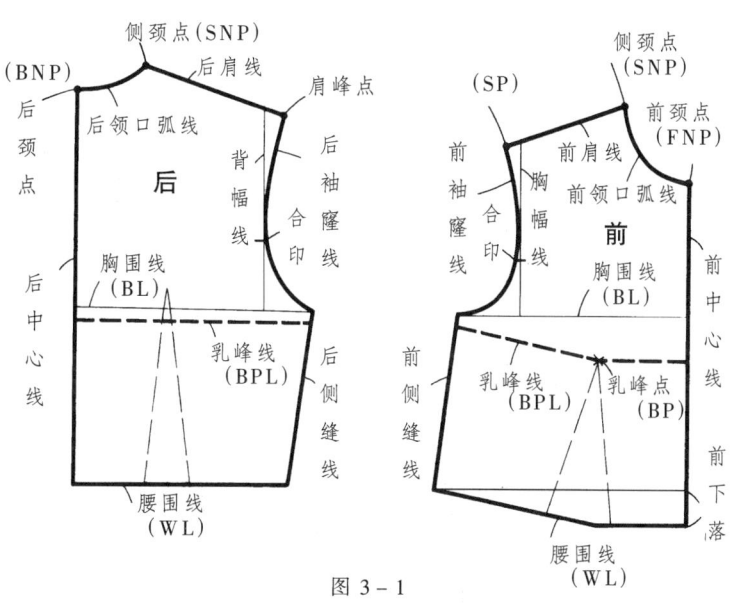

图3-1

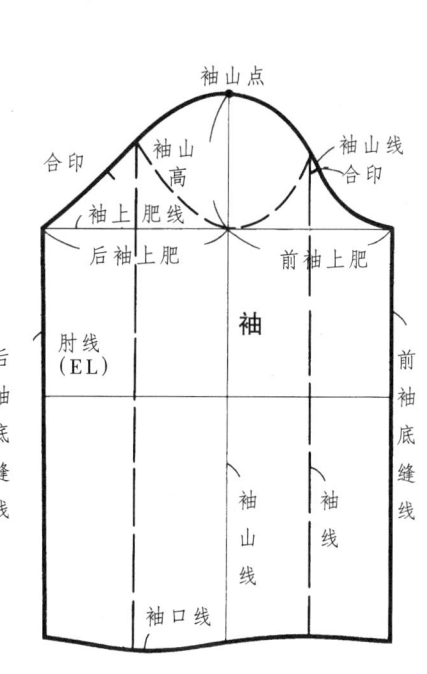

图3-2

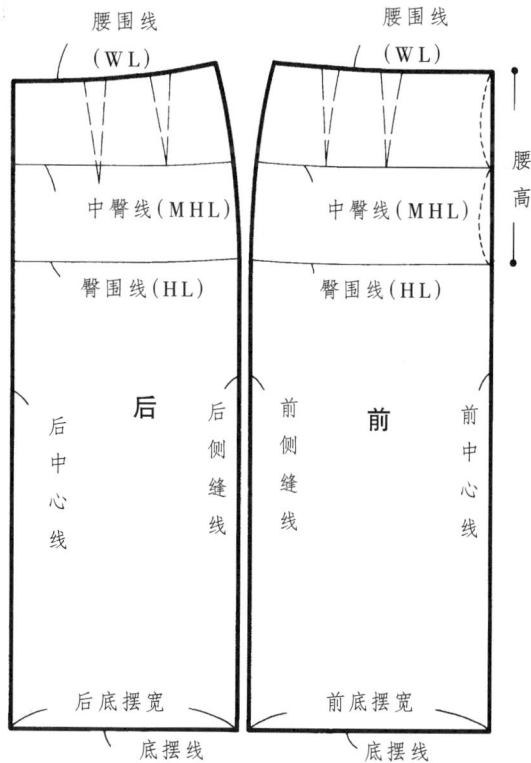

图3-3

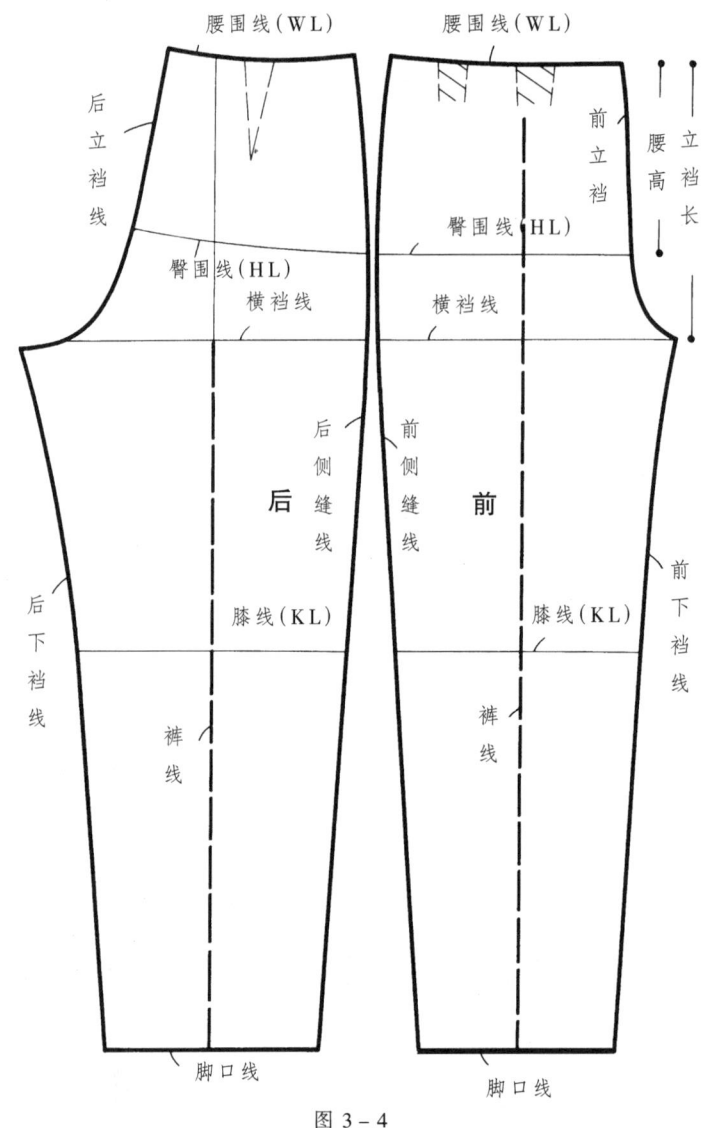

图 3-4

女子原型

在制作时,作为基本的"型"很必要。我们就把在平面裁剪中作为制作衣服的基型叫作原型。原型的尺寸测量和制图方法很简单。要求具有很高的适合度和富有很强的机能性。现在的"文化式原型"就广泛深入地研究和探讨了这些因素。并且,为了能进行所有服种的制图,比如从紧身到宽松式、从内衣到风衣等,都加以考虑。

但是,由于生活方式的不同,人的体型也在发生变化,应该经常不断地进行研究。

根据性别、年龄的不同,原型又分女子原型、男子原型和儿童原型等。如果根据人体的部位来区分的话,又可分为上半身原型、袖原型和下半身原型。但是对于下半身的衣服(裙子、裤子)来说,以腰围和臀围为基础制图的话更为简单,因而就把原型定为身和袖子。

女子原型的制图(图 3-5～图 3-8)

因为是上半身的原型,所以就以胸围和背长为基础,再计测出其他各部位。胸部,无论从体型上还是从设计上都是很重要的部位,因为以胸围计测出的尺寸,对于上半身各部位的适合度很高,就采用了这种计测方法。但是,各部位的尺寸并不一定都是同胸围成比例的,在以胸围计测出的尺寸中,进行定量尺寸的增减,以力求无相关部位的调整,来达到制图的完美。

原则上女子服是右身在上(右压左),因而要以右半身为基础进行制图。

必要尺寸:胸围,背长

1. 画基础线(见图 3-5)

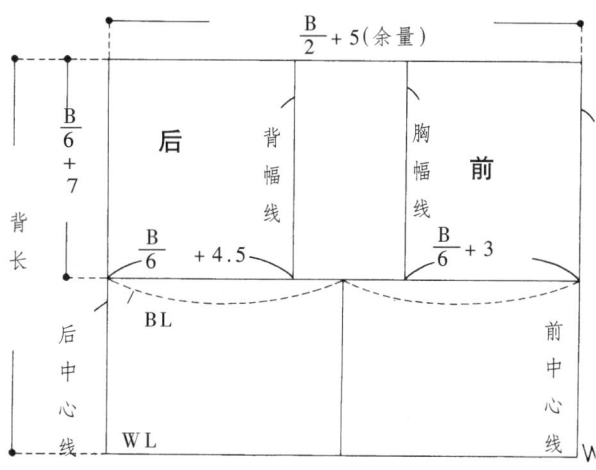

图 3-5

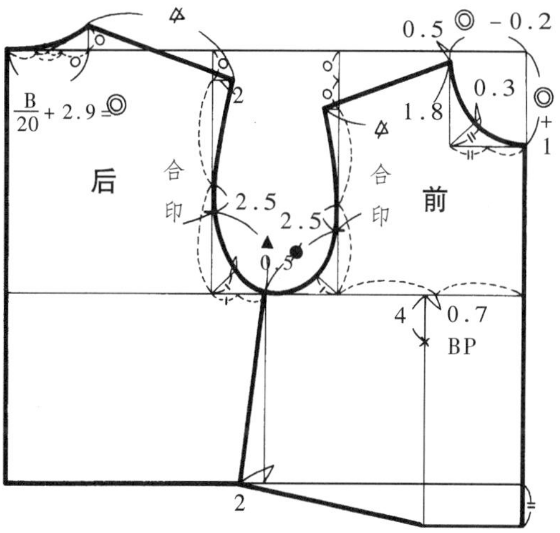

图 3-6

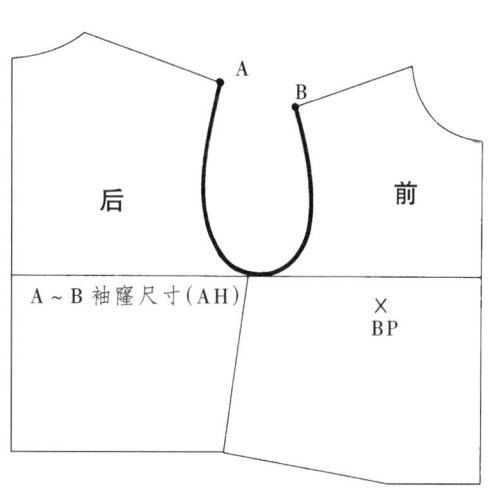

图 3-7

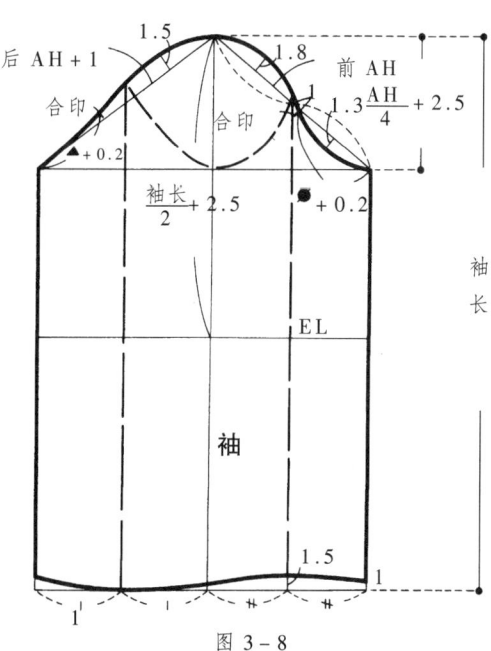

图 3-8

（1）纵向以背长为长度，横向以$\frac{B}{2}$+5cm（余量）为长度，画长方形。在半身中所加进的5cm的余量，是考虑在呼吸和运动时，为符合机能性的运动量所加的尺寸。从原型的使用简易程度来说，加放有基准型的余量是较合理的。

（2）画胸围线从上开始在$\frac{B}{6}$+7cm的位置画水平线。因它通过胸部所以叫胸围线，但并不是通过乳峰点的位置，是表示袖隆深度的位置。

（3）侧缝线的位置定在胸围线的中间。

（4）画背幅线和胸幅线。背幅的运动量比胸幅大，因而在$\frac{B}{6}$中所加的定尺寸要多出1.5cm。

2．画轮廓线（见图3-6）

（1）后领口弧线，后肩斜线，前领口弧线，前肩斜线，因后背有圆度和突出的肩胛骨，所以，后肩斜线有必要比前肩斜线长。长出的量用省缝或吃量来处理。

（2）画前后袖隆线。

（3）决定侧缝线、前片下落量和乳峰点。画腰围线。侧缝线之所以在腰围线上向后移动2cm，是因为在前片中为适合胸部的突出，要加大胸省量的缘故。

3．画上袖子的合印（见图3-6）

在前后袖隆线，分别画上合印，这是上袖子时的记号。

4．袖（见图3-7、图3-8）

袖子的原型，是胳膊部分的原型，是考虑了余量和吃量的一片袖子。它以袖隆的尺寸为基础，来决定袖山的高度和袖上肥（袖根线）。首先量取袖隆的尺寸（A～B点）。

必要尺寸：袖隆尺寸，袖长

5．画基础线、轮廓线（见图3-8）

（1）画两条垂线，在交叉点以上量取$\frac{AH}{4}$+2.5cm作为袖山高。

（2）决定前后袖上肥。只在后袖弧线中加1cm的原因是，手经常向前做动作，吃量就相应地要多出来。

（3）从袖山点开始取出袖长和肘线（$\frac{袖长}{2}$+2.5cm），也就决定了基础线。肘的位置略高，使人看起来舒服，形状也美观，肘线的画法，也是考虑了这一点来决定的。

（4）画轮廓线。因胳膊一放下来就自然向前倾，所以，在袖口线上手腕的前方处，就多去掉些，形成一条弯线。

（5）在袖子原型即将完成时，量一下袖隆的长度和袖山弧线的长度，就会明白袖山弧线的长度要长。这是为让袖子原型中含有吃量的缘故。在袖原型中画入合印，加进的0.2cm为吃量。袖山点要与肩峰点相吻合。

省缝的分量与分割

关 于 省 缝

在上身原型中，制图时在胸围中加入了必要的余量。人体由于胸和肩胛骨等部位的突出，存在有凹凸现象。如图3-9所示，阴影部分作为余量离开了身体。把这部分余量捏起来整理成型，就构成了立体的服装。所捏起来的分量就叫做省缝。为了把平面形成立体的东西，除省缝外还有活褶、抽褶、吃量等很多技巧。在这里，把这些都假定作省缝来考虑，说明一下基本的分割法。

省缝的分割

为了使原型符合于人体，适当的省缝分割是很必要的。在腰围线上除去必要的尺寸，剩下的分量就变成了省缝量。在胸围线的半身中有 5cm 的余量,在腰围线中,作为呼吸和运动的最小限度余量,半身中加进了 2cm。并且在通常情况下,腰围尺寸的前面比后面要多,就采取了 1cm 的前后差,除去腰围的必要尺寸,进行省缝的分割。图 3-10 是省缝分割的基础,前身的省量要大,这是为适合胸部的突起而必要的分量。可以把这种基本分量进行分割,变为两个或活褶或抽褶等,同设计相结合进行处理。

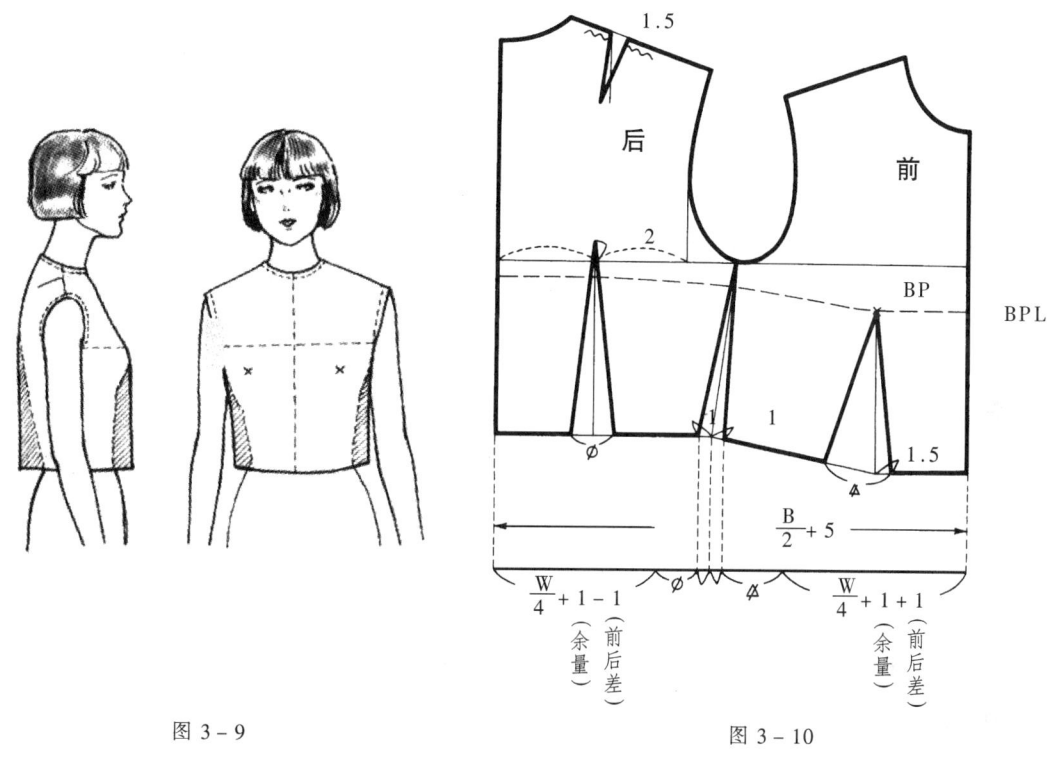

图 3-9　　　　　　　　　图 3-10

结合设计的省缝处理法(图 3-11~图 3-15)

省缝的目的,是要符合人体。它的位置根据设计、面料、花色等的不同,可以转移到具有效果的部位。也就是说,前身省缝的变化就成了胸部造型的处理法。省缝的处理,虽然对于后身、袖子、裙子等也有必要,但都不如前身的变化大。在这里作为基础的东西,对于前身胸部省缝的处理加以说明。

把省缝的分割所决定的胸省量作为基础,以乳峰点为中心,可以向各个方向移动和分散。如图 3-11 所示,这种方法可以结合体型和设计、面料、花色等区别使用。

根据原型的操作取省法(图 3-12)

在前身省缝的分散法中,有原型移动法和折叠法等。在这里以肩省为例说明这两种方法。在原型中打剪口的折叠法(见图 3-12A)。

首先,从省缝线(这时是肩宽的中点)开始向乳峰点打剪口,然后,折叠腰省直到腰围线达到水平线为止,这样打剪口的部分就展开了。展开的部分就变成了肩省量。这个道理明白后,那么,在下一项说明的原型移动法,也就便于理解了。

图 3-11

图 3-12

压住乳峰点的原型移动法（图 3-12B）

　　首先，按实际那样拓出前身原型。然后，水平延长腰围线，决定肩省位置。其次，在用实线画的原型上再叠放原型，压住乳峰点移动原型（虚线部分），使 A 点达到水平线上的 A′点。肩省的位置也从 a 点移到了 a′点，这中间就变成了肩省量。从 a′点画下虚线的袖隆线和侧缝线后，会发现同前面所讲过的折叠法其结果是一样的。定出省缝的长度后，按图那样画出完成线。省尖的位置一般稍离开乳峰点，但也要从省缝的位置和设计的角度等多方面来综合考虑而决定。

　　在图 3-14 中所表示的各部位省缝，都

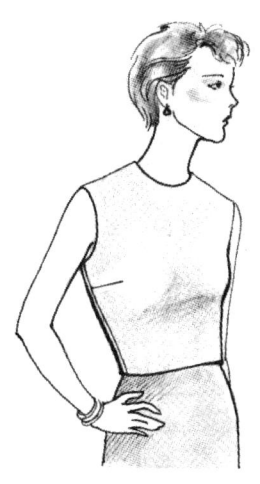
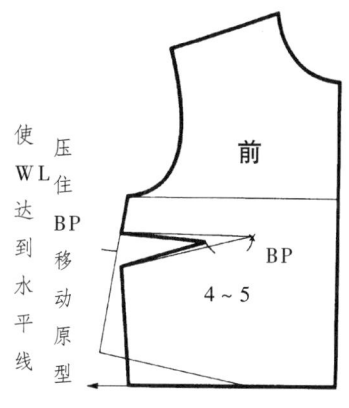

图 3－13

可以按肩省这样进行省缝的移动操作，在制图中要灵活运用。图 3－15 是变为侧缝省，图 3-14 是变为袖隆省的处理法。图 3－16 是把前身的腰省全部移动到侧省的方法，在这种情况下，腰围线就不会形成水平线了，原型的操作方法相同。

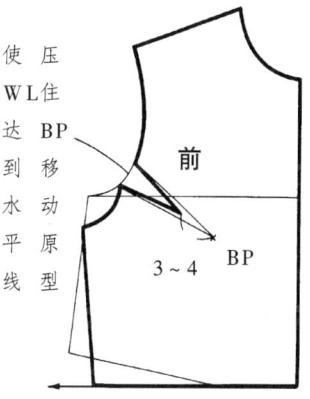

图 3－14

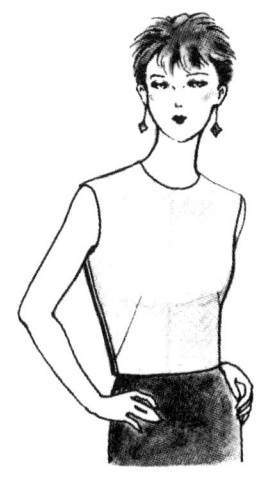
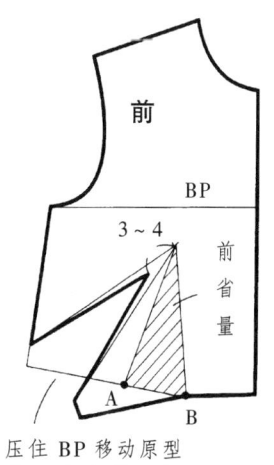

图 3－15

男 子 原 型

在男子服装的原型中，有制作西装等的上衣原型和衬衣原型。

先解释上衣原型。在上衣原型中没有袖原型，根据服种的不同，无论是一片袖，还是两片袖，都是利用身直接制图。

男子服，一般是左身在上（左压右），因此画左半身原型。

画基础线（图 3-16）

以胸围和背长尺寸为基准进行制图。

求出基本的直角后决定背长，在 $\frac{B}{2}$ 中加 8cm～10cm 的余量。余量中有 2cm 的出入，如果想做得宽松一些，余量就加到 10cm。

用 $\frac{B}{6}+7.5$cm 决定胸围线的位置。把胸围宽 2 等分后画侧缝线。用 $\frac{B}{6}+4.5$cm 取背幅线，$\frac{B}{6}+4$cm 取胸围线。把 $\frac{B}{6}+7.5$cm 的长度 2 等分后，画横背幅线。

后领口宽取 $\frac{B}{12}$，从基础线向上求出它的 $\frac{1}{3}$，作为画领口弧线的基础线。把这个 $\frac{1}{3}$ 作为肩的倾斜（落肩），在背幅线和胸幅线上做好标记。

前面的侧颈点在胸宽 2 等分的位置上，这样对于制作西装是较为合理的。前领深同样取 $\frac{B}{12}$，再在胸宽的 2 等分线上 $\frac{1}{2}$ 后，决定领口线。

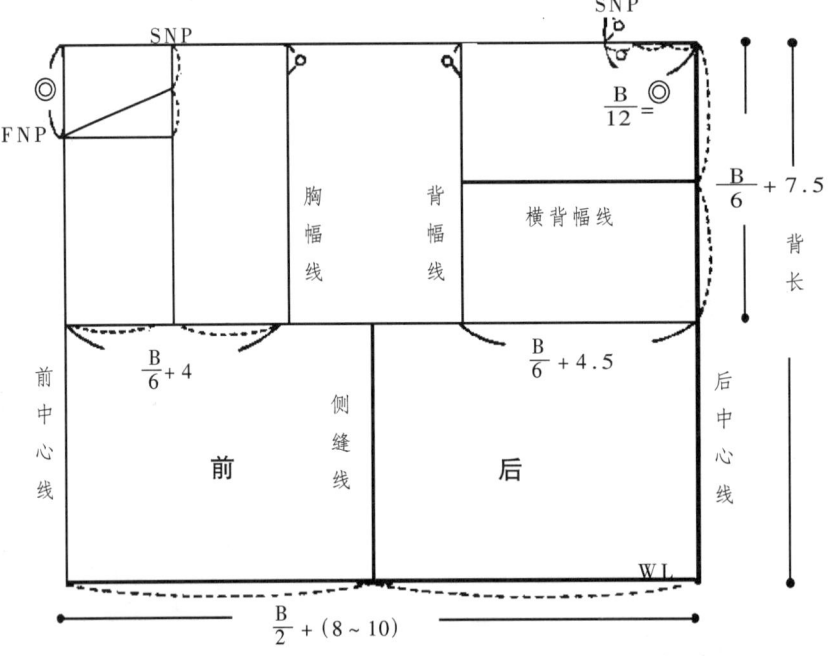

图 3-16

画轮廓线(图 3-17)

从后片开始完成制图。把领口处向上的 $\frac{1}{3}$ 线再 3 等分,从上向下的 $\frac{1}{3}$ 处求出肩的倾斜,同背幅线交叉 1.5cm 就定出了肩宽。再将此线 3 等分,从侧颈点开始的 $\frac{1}{3}$ 处,用曲线画出肩线。这个曲线是为了肩部吃量的缘故。

把背幅线到侧缝线之间 2 等分后,在 45°上求出其 $\frac{1}{2}$,便可画出后袖隆线。

在前片连接前颈点和侧颈点,再打垂线过基本点并 3 等分,通过从下向上的 $\frac{1}{3}$ 处画领口弧线。这个领子的倾斜就是为了制作西装领做准备的,可以考虑它是一条设计线。而且,根据设计的不同,这条线是可以自由移动的。

定出肩的倾斜线后,从后肩宽中减去 0.7cm 作为前肩宽,再按图画出前肩线。

从胸幅线与胸围线的交点处,向上 5cm 与肩峰点相连,在 0.5cm 的内侧标注一点。然后,把胸幅线和侧缝线之间 3 等分,从胸围线开始的 $\frac{1}{3}$ 处,与以上的 2.5cm 处相连,以这些线为基础,就可以画出一条圆顺的袖隆线。另外,2.5cm 的位置是作为上袖时的合印点,在袖子的制图时,有时还要用到横背幅线。

这样,上衣的原型制图便完成了。

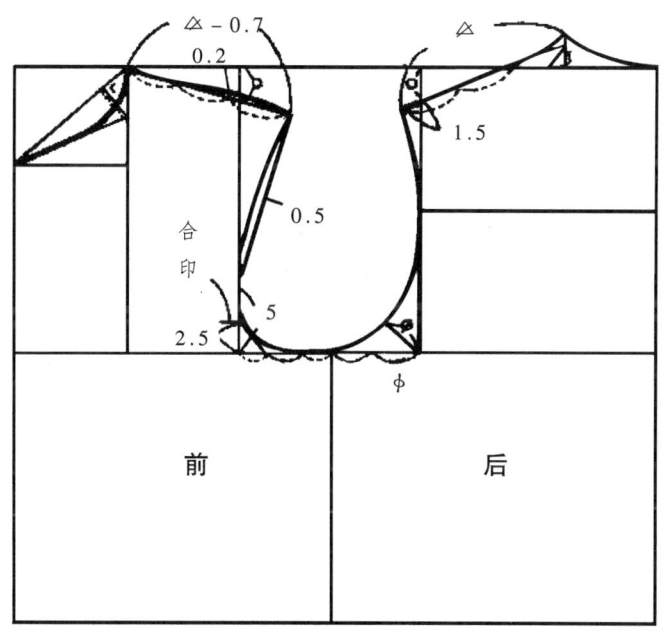

图 3-17

女子原型应用的男子衬衣原型

随着时装的发展,出现了很多男女兼用的衣服,人们可以根据爱好和穿法的不同,进行自由的挑选。于是,就采用了应用女子原型,通过对肩宽和胸省的处理,来形成男子衬衣原型的办法。

制图,见图 3-18,图 3-19。

身的制图见图 3-18。

首先用男子尺寸制出女子原型,然后按图

把前后原型的胸围线都放到同一个水平线上,并同时从侧缝线各拉开2.5cm。因男子比女子的领围要大,所以就开了领口,同样也增大了肩宽。从胸围线向下2cm作为袖窿的底部,画前后袖窿线。侧缝线垂直向下,前下落尺寸也减少。

袖的制图见图3-19。

画两条相交的垂线,从交点向上取袖山高 $\dfrac{AH}{5}$。从袖山点开始按图画出前后袖山斜线,定出袖上肥。袖山弧线等便可以画出来了。

男子衬衣原型也可以用直接制图的方式制作出来(如图3-20)。

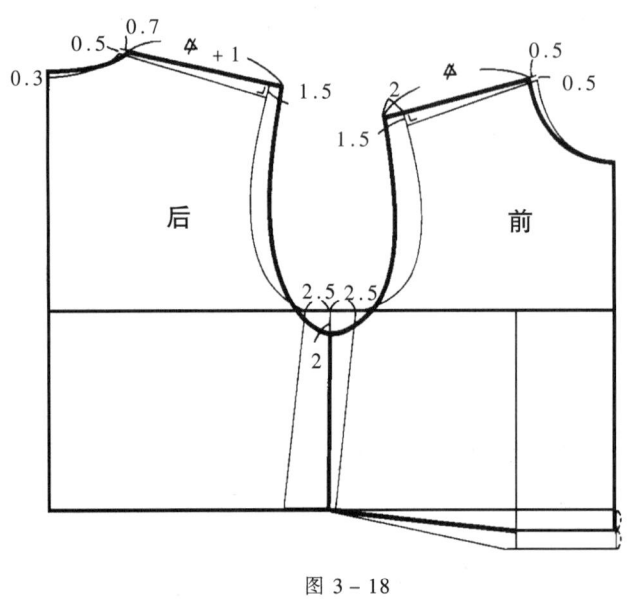

图3-18

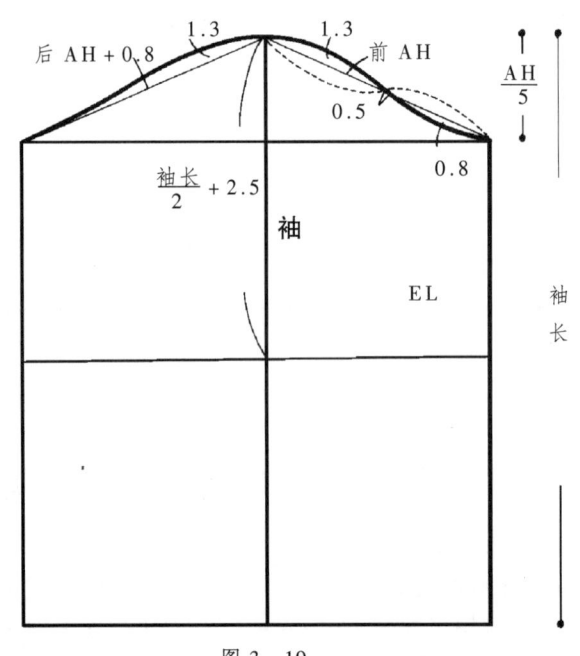

图3-19

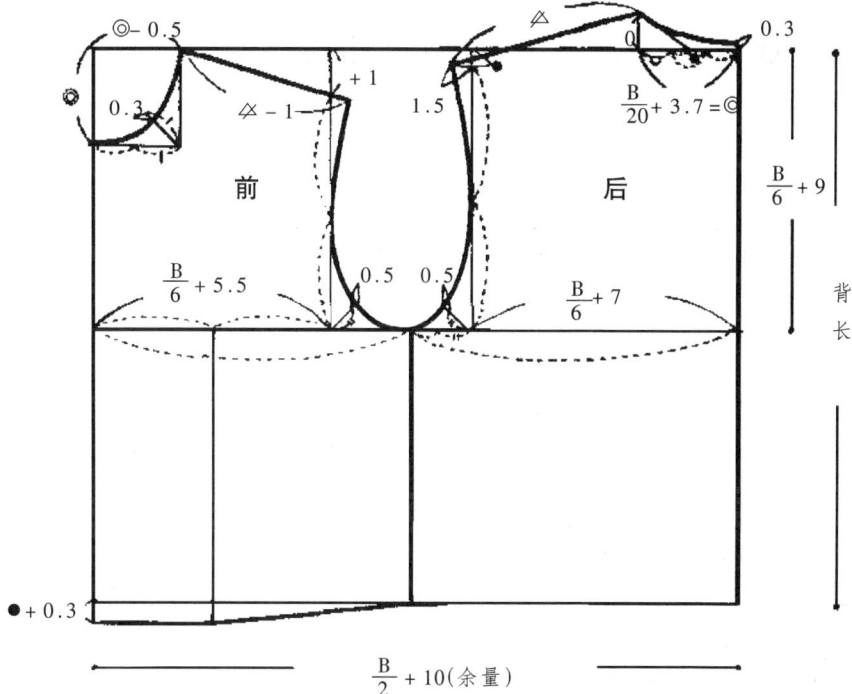

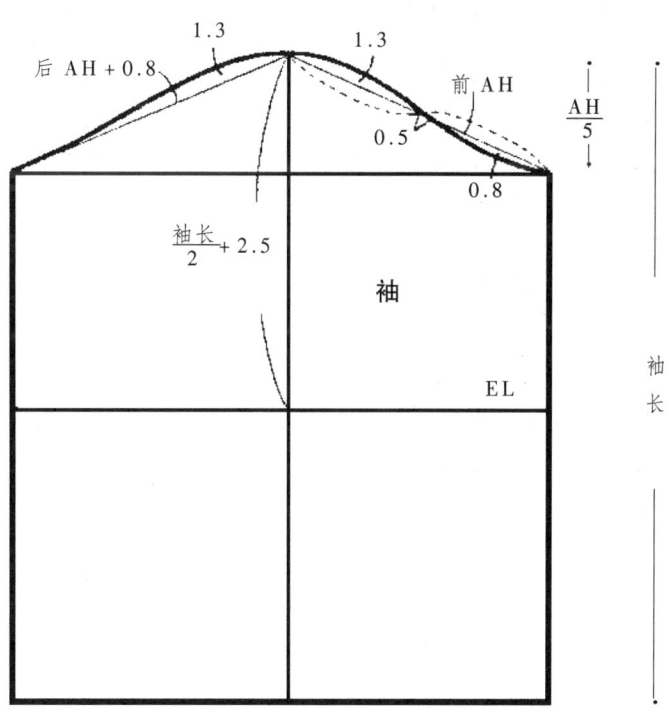

图 3-20

成人男子用衣料的型号和参考尺寸表

单位:cm

JIS L 4004—1980 成人男子用衣料的型号 体型 \ 部位	drop	身长—胸围—腰围	臀围	大肩	袖长	立裆	下裆	背长
Y体型 胸腰差 16 cm	16	155—84—68	85	41	50	23	65	43
		160—86—70	87	42	52	23	68	44
		165—88—72	88	42	52	23	70	46
		170—90—74	90	43	55	24	71	47
		175—92—76	92	45	57	25	74	48
		180—94—78	96	45	58	25	75	50
		185—96—80	98	45	60	26	76	51
YA体型 胸腰差 14 cm	14	155—84—70	85	40	50	23	64	43
		155—86—72	87	41	51	23	64	43
		160—86—72	88	41	51	23	66	44
		160—88—74	89	42	52	23	66	44
		165—88—74	89	42	53	23	69	46
		165—90—76	90	43	54	24	69	46
		170—90—76	91	43	55	24	71	47
		170—92—78	92	44	55	24	71	47
		175—92—78	93	44	57	25	74	49
		175—94—80	95	45	57	25	74	49
		180—94—80	95	45	58	25	76	50
		180—96—82	97	45	58	26	76	50
		185—96—82	100	45	60	27	77	51
		185—98—84	102	46	60	27	77	51

单位:cm

JIS L 4004—1980 成人男子用衣料的型号 体型 \ 部位	drop	身长—胸围—腰围	臀围	大肩	袖长	立裆	下裆	背长
A体型 胸腰差 12 cm	12	155—86—74	87	41	51	23	64	43
		155—88—76	88	42	52	23	64	43
		160—88—76	89	42	52	23	66	45
		160—90—78	90	42	52	23	66	45
		165—90—78	90	42	54	24	69	46
		165—92—80	92	43	54	24	69	46
		170—92—80	92	43	54	24	71	47
		170—94—82	94	44	55	24	71	47
		175—94—82	94	44	56	25	74	48
		175—96—84	97	45	57	25	74	48
		180—96—84	97	45	58	26	76	50
		180—98—86	100	46	58	27	75	50
		185—98—86	102	46	60	27	77	51
		185—100—88	104	46	61	28	76	51
AB体型 胸腰差 10 cm	10	155—88—78	88	41	51	23	64	44
		155—90—80	90	41	51	23	64	44
		160—90—80	91	42	52	23	66	45
		160—92—82	92	42	52	24	66	45
		165—92—82	93	43	54	24	67	46
		165—94—84	95	43	54	24	67	46
		170—94—84	96	44	55	24	69	48
		170—96—86	96	44	56	25	69	48
		175—96—86	97	45	57	25	71	49
		175—98—88	98	45	57	25	71	49
		180—98—88	100	46	58	27	73	50
		180—100—90	102	46	58	28	72	50
		185—100—90	102	46	60	28	75	51
		185—102—92	104	46	61	28	75	51

成人男子用衣料的型号和参考尺寸表

单位:cm

JIS L 4004—1980 成人男子用衣料的型号 体型 \ 部位 drop	身长	胸围	腰围	臀围	大肩	袖长	立裆	下裆	背长
B体型 胸腰差 8 cm	115—90—82			91	41	51	23	64	44
	155—92—84			92	42	51	23	64	44
	160—92—84			93	42	52	23	66	45
	160—94—86			95	42	53	24	66	45
	165—94—86			95	42	53	24	67	47
	165—96—88			96	43	54	24	67	47
	170—96—88			97	44	57	25	69	48
	170—98—90			99	44	57	25	69	48
	175—98—90			99	45	57	25	71	49
	175—100—92			99	45	57	25	71	49
	180—100—92			99	45	58	26	74	50
	180—102—94			104	46	58	27	76	50
	185—102—94			104	46	60	27	77	51
	185—104—96			106	46	61	28	76	51
BE体型 胸腰差 4 cm	155—92—88			93	41	51	24	64	44
	155—94—90			94	42	51	24	64	44
	160—94—90			95	42	52	25	65	46
	160—96—92			97	43	53	25	65	46
	165—96—92			98	43	54	26	67	47
	165—98—94			99	44	54	26	67	47
	170—98—94			99	44	55	27	68	48
	170—100—96			101	44	56	27	68	49
	175—100—96			101	44	57	28	71	49
	175—102—98			102	44	57	28	71	49
	180—102—98			102	44	58	29	72	50
	180—104—100			104	46	58	29	72	50
	185—104—100			104	46	60	30	74	51
	185—106—102			106	46	61	30	74	51

单位:cm

JIS L 4004—1980 成人男子用衣料的型号 体型 \ 部位 drop	身长	胸围	腰围	臀围	大肩	袖长	立裆	下裆	背长
E体型 胸腰差 0	155—94—94			100	43	51	27	62	44
	155—96—96			102	44	51	27	62	44
	160—96—96			102	44	54	28	64	46
	160—98—98			104	45	54	28	64	46
	165—98—98			104	45	55	29	66	47
	165—100—100			106	46	55	29	66	47
	170—100—100			106	46	56	29	68	48
	170—102—102			108	47	56	29	68	48
	175—102—102			108	47	57	29	70	49
	175—104—104			110	47	57	29	70	49
	180—104—104			110	47	58	30	72	50
	180—106—106			112	48	58	30	72	50
	185—106—106			112	48	60	32	72	51

注:drop 是指胸围和腰围的尺寸差。身长与号数的表示为 155→2,160→3,165→4,170→5,175→6,180→7,185→8。例如制服中"90A4"的表示是指身长 165,胸围 90,体型为 A。

在体型的分类中,Y 体型有 7 个尺寸,YA、A、AB、B、BE 体型各有 14 个尺寸,E 体型有 13 个尺寸,共计 90 个尺寸。其中 A 体型为标准体。

成人男子用衬衣尺寸表

JIS L 4117—1980 单位：cm

形状 \ 部位	领围	肩袖长	参考(标准成品尺寸)		
			大肩宽	胸围	腰围
Y 形 一般是锥形或瘦形的收腰形状	34	72～80	40～41	90～92	74～76
	35		41～42	92～94	76～78
	36	74～82	42～43	94～96	78～80
	37		43～44	96～98	82～84
	38		44～45	100～102	86～88
	39		45～46	104～106	92～94
	40		46～47	106～110	94～98
	41		47～48	112～114	98～102
	42		47～48	114～116	102～106
A 形 标准的胸围和腰围尺寸，呈比例的形状	34	72～80	40～41	92～94	78～80
	35		41～42	94～96	80～82
	36	74～82	42～43	96～98	82～86
	37		43～44	98～102	86～90
	38		44～45	102～106	90～94
	39		45～46	106～110	94～98
	40		46～47	110～114	98～102
	41		47～48	114～116	102～106
	42		47～48	116～118	106～108
AB 形 胸围和腰围同 A 形相比较大，胸围和腰围的差也较小的形状	36	74～82	42～43	100～102	90～92
	37		43～44	102～106	92～96
	38		44～45	106～110	96～100
	39		45～46	110～114	100～104
	40		46～47	114～116	104～108
	41		47～48	116～118	108～112
	42		48～49	118～120	112～114
B 形 胸围和腰围比 AB 形都大的形状	43	74～84	48～49	120～122	114～116
	44		48～49	122～124	116～118
	45		48～49	124～126	118～120
E 形 胸围和腰围比 B 形都大的形状	43	74～84	49～50	124～126	124～126
	44		49～50	126～128	126～128
	45		50～51	128～130	128～130
	46		50～51	130～132	130～132

儿童原型

儿童的体型同大人是不一样的,是呈圆弧状的仰身体,在不断地发育和成长。要以这些因素为基础来制作童装。儿童原型也是如此。

儿童原型的主要对象是婴儿期、幼儿期、儿童期的1~12岁的儿童。随着年龄的不同会出现各种发育情况和男女差别,所有这些都必须适应才行。对于发育和成长较快的女孩,有时使用女子原型会更好些。

制图见图3-21~图3-23。

身片制图见图3-21~图3-22。

考虑到儿童在成长期动作较为剧烈,因此,在胸围中所加的余量比女子原型要多些。制图要领请参照"女子原型"。

袖的制图见图3-23。

袖子的制图方法及要领请参照"女子原型"。只是在决定袖山高时,应随不同的年龄进行变化。从婴儿期到幼儿期的袖山较低,这是重视了袖子的机能性;到了儿童期不仅要重视机能性,还要考虑到袖子的形状是否好看。

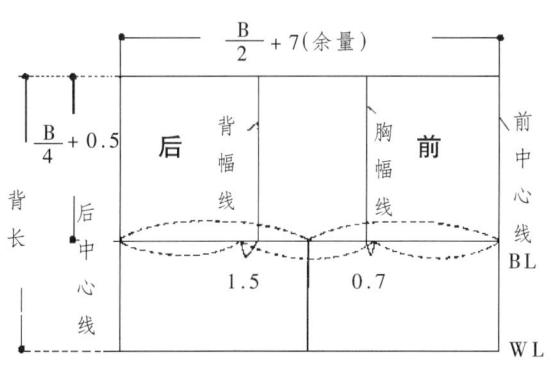

图3-21

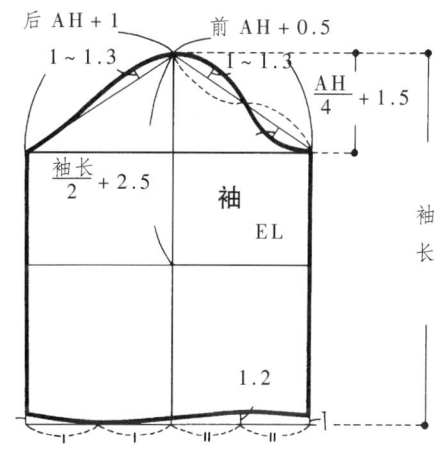

〈袖山的高度〉

1~5岁　$\dfrac{AH}{4}+1$

6~9岁　$\dfrac{AH}{4}+1.5$

10~12岁　$\dfrac{AH}{4}+2$

图3-23

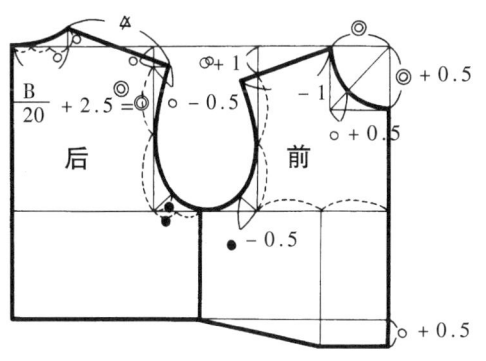

图3-22

儿童参考尺寸表

单位：cm

部位＼年龄	1岁	2岁	3岁	4岁	5岁	6岁		7岁	8岁	9岁	10岁	11岁	12岁	13岁	14岁	15岁	16岁	17岁
身长	80	90	95	102	108	114	男	122	127	132	137	143	150	157	163	167	169	172
							女	120	126	131	138	145	150	154	157	158	159	160
胸围	50	52	53	54	56	58	男	62	64	66	67	69	72	76	80	83	84	86
							女	60	62	64	67	70	74	78	80	81	82	83
腰围	48	49	50	51	52	53	男	56	57	58	60	62	63	64	66	67	69	71
							女	54	55	56	58	60	61	62	62	63	64	64
臀围	50	52	55	57	59	61	男	65	69	71	73	75	78	81	85	90	91	92
							女	63	66	70	72	75	80	84	86	88	89	92
背长	19	21	23	25	26	27	男	29	30	32	33	35	37	40	41	42	43	44
							女	28	29	30	31	33	36	37	37	38	38	39
袖长	24	27	30	32	34	37	男	39	41	43	45	46	49	52	53	55	56	57
							女	39	41	43	45	47	49	50	51	52	53	54
立裆长	20	20	20	20	21	21	男	21	21	22	22	23	23	23	23	24	25	26
							女	21	22	22	23	24	25	25	26	26	27	27
下裆长	24	30	34	38	41	44	男	50	53	56	58	61	65	70	72	73	74	75
							女	48	51	55	57	63	65	68	69	70	71	72
大肩宽	24	24	25	26	27	28	男	30	31	32	33	34	36	38	40	42	43	44
							女	30	31	32	34	34	36	37	38	40	40	41
右大腿最大围度	28	28	30	32	33	34	男	35	36	38	40	41	43	45	47	50	52	54
							女	35	37	39	41	43	44	46	48	50	51	52
膝长	27	29	31	36	38	39	女	41	44	46	48	49	51	54	55	56	56	56
头围	48	50	52	53	53	54		55	55	55	55	56	56	56	56	56	56	57
体重(kg)	11	13	14	16	19	20	男	23	26	29	32	36	41	47	52	57	60	62
							女	22	25	28	30	36	41	46	50	51	52	53
身长							男 110.5	116.2	121.8	127.2	132.3	137.4	143.1	150.0	157.5	163.6	167.3	169.1	170.2
							女 109.7	115.5	121.0	126.6	132.2	138.4	145.2	150.7	154.3	156.1	156.9	157.3	157.4
胸围							男 56.3	57.7	59.8	62.1	64.4	66.9	69.6	72.6	76.1	79.7	82.8	84.4	86.0
							女 55.0	56.3	58.3	60.6	63.2	66.3	70.2	74.3	77.2	79.3	81.0	81.5	81.8
体重(kg)							男 19.0	21.0	23.4	26.3	29.2	32.6	36.5	41.7	47.2	52.8	57.6	59.5	61.1
							女 18.6	20.7	23.0	25.7	28.9	32.7	37.7	42.6	46.6	49.4	51.7	52.3	52.4

体型观察与样板展开

人体是以骨骼为支柱,另外由肌肉、皮下脂肪、皮肤等组成。这样形成的人体外表的轮廓就叫体型。

体型存在有很多的个人差别,有变化很大的部位,也有几乎不变的部位。制作服装时如果过于局限于体型的话,就会失掉很多的机能性与美感。这里要提出的是,余量不仅能体现服装的机能性与美感,也是服装造型的条件之一。

体型观察

体型根据性别、年龄、人种的不同而异。即使是同一人种的同性、同龄者也存在差异。德国精神病学者克莱奇玛(Kretschmer 1888年~1964年)把体型分成了细长型、斗士型和肥胖型三个类型。此外还有很多种的学说。这里从衣服构成的角度来进行体型观察。

1. 从垂直方向看到的体型

从前面、后面、侧面三个方向,然后从斜侧面进行观察。也就是所谓的从纵方向的造型观察。

体型从纵向一看,根据脖颈、胸、腹、腰等部皮下脂肪的多少,很快就能分辨出是瘦身体型、标准体型还是肥胖体型。皮下脂肪并不是遍布全身,它存在的部位与脂肪层的厚度是因人而异的。如果是瘦型的,那么从胸部、臀部、肩部及胯部等处就能看出外凸的骨架,而肥胖型的这几个部位都有相当厚度的脂肪。

一般普遍认为标准体的体重基准为(身高 − 100)× 0.9(kg)。

以下对体型的各部位进行详细观察。

(1)胸部 有胸部前挺的鸡胸体和乳房发育的体型。与此相反,是平胸体,这之间的就是标准体型。

(2)脊柱 年龄的不同脊椎的弯度要有变化。幼儿期较直,上年纪后便成了弓形,也就是人们常说的驼背。

(3)颈部 瘦体型的人颈部较细,肥胖体型的人颈部很粗。

(4)肩部 同标准肩相比,有端肩和溜肩。

(5)臀部 在大臀肌的周围有皮下脂肪。

(6)下肢部 在大腿部的外侧与内侧的上部有皮下脂肪。从侧面看的话,下腿部有前屈形、后屈型,两者之间的为直线型。

从前面看的话,有两膝关节不能并拢的 O 型和与之相反的 X 形。中间的为直线型。

(7)大臂 大臂的外侧部有皮下脂肪。

2. 从水平方向看到的体型

使用滑动规,仔细观察人体各部位的水平断面图。

(1)颈部 脖颈的根部由于脖子的前后倾倒动作,形状发生变化,尺寸几乎不变,左右的变化也较小。

(2)肩部 是最扁平的部位,当进行扩胸等动作时,又是变化最大的部位。

(3)胸部 是最易看出性差、年龄差的地方。当抬臂后,随着大胸肌的变化,乳房的形状也发生变形。

(4)腹部 在中青年层中,皮下脂肪不明显,而中老年层中,下腹部脂肪较多。

(5)臀部 是脂肪较多的部位,胖与瘦的差别很明显。

(6)腋部 是变形最大的部位。前后腋点因动作而发生变化,所以很重要。

(7)胸围线 在静止状态下尺寸较大,根据动作的产生也会发生变化。

(8)腰围线 在体干部中,是周长最小的地方。吃饭前后、站起坐下,腰围尺寸都要发生变化。在制作衣服时,至少需要 2cm 左右的余量。

(9) **臀围线** 在下半身中周长最大的部位。日本人的臀部都稍微靠下。理想的位置在身高的1/2处。站起和坐下至少需要4cm左右的余量。

侧面体型的特征与样板展开

从侧面和斜侧面进行的垂直方向的体型观察,能够明显把握身体的凹凸部位。

因上半身与下半身的机能性是不相同的,这里分开解释。

1. 上半身的各体型与样板展开

(1) **标准体型**(图3-24) 从耳垂点垂直向下的点为重心,大约在脚的中央位置。

如图3-24,是前后比例分割匀称的体型,就是说,前面的乳房最高点与腹部的最高位置在同一垂直线上,后面的肩胛骨顶点与臀部最突出的位置在同一条垂直线上。但过于紧张或随便都会发生一些变化。

以这个标准体型为基础,下面解释由于体型差的样板变化。

(2) **挺胸体型**(图3-25) 挺胸体在上半身中后背的脂肪较少,乳房高大,胸宽较大,前身较长。

脖颈的前倾斜度小,并且肩峰点相对于重心线稍靠前。

在下半身臀部突出较强,向后方凸。腹部稍平(A)。

(3) **样板展开** 因胸部张力较强,造成前长与前宽不足,在领口和腰部便产生了像B那样的斜褶。后背产生了横向余褶。因此在样板上要按C那样,减少后长,追加前长,同时增大胸省量。

在侧面,移动前后侧缝线。也就是说,减少后身宽,增大前身宽。

(4) **驼背体型**(图3-26) 在上半身中是后背较圆,前胸弯曲的体型。这样就造成了后背较宽,前胸变窄,乳房也较小。脖颈向前倾斜,肩峰点相对于重心稍偏后。下半身中臀部较为扁平,下腹部突出(A)。

(5) **样板展开** 由于肩胛骨的张力,像B那样在后背出现绷紧褶,前领口处出现余褶。这种体型要先增大背宽,增加后长。后面的省量也要增大,前长与省量都要减少。然后,按C那样增减前后侧颈点,订正领口线。

(6) **肥胖体型**(图3-27) 皮下脂肪厚的人称为肥胖体。青年与中老年的脂肪生长位置也不一样。

随着年龄的增加,从背部到肩部肌肉越来越多,在胸部,乳房逐渐下垂(A)。

样板展开因是有肥度的体型,就把与胸围尺寸相关不大的领口及袖窿尺寸按B那样减小。肩宽与大肩宽也变窄。结果,侧面宽(肥度)就增大了。

(7) **瘦身体型**(图3-28) 与肥胖体相反,没有肥度,扁平的体型(A)。

(8) **样板展开** 因身体扁平,肩宽、大肩宽、背宽、胸宽要像B那样增大,领口和袖窿也常增大或降低。结果,侧面宽变窄。

(9) **肩部(端肩与溜肩)**(图3-29、图3-30) 肩的倾斜平均在23°左右,存在有从端肩10°到溜肩30°之间的差异。原型前后肩的倾斜平均为19.5°。这比实际测定的要小些,是为了让肩部有一定的余量。

(10) **样板展开** 端肩由于肩峰尺寸不足,要追加肩宽、抬高肩线。这样如果袖窿尺寸增大的话,就在侧缝线上抬高袖窿线(图3-29B)。

溜肩与此相反(图3-30A,B)。

(11) **过于挺胸的体型**(图3-31) 由于

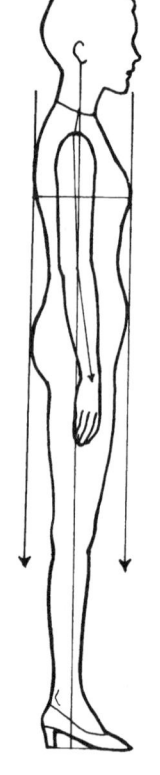

标准体型
图3-24

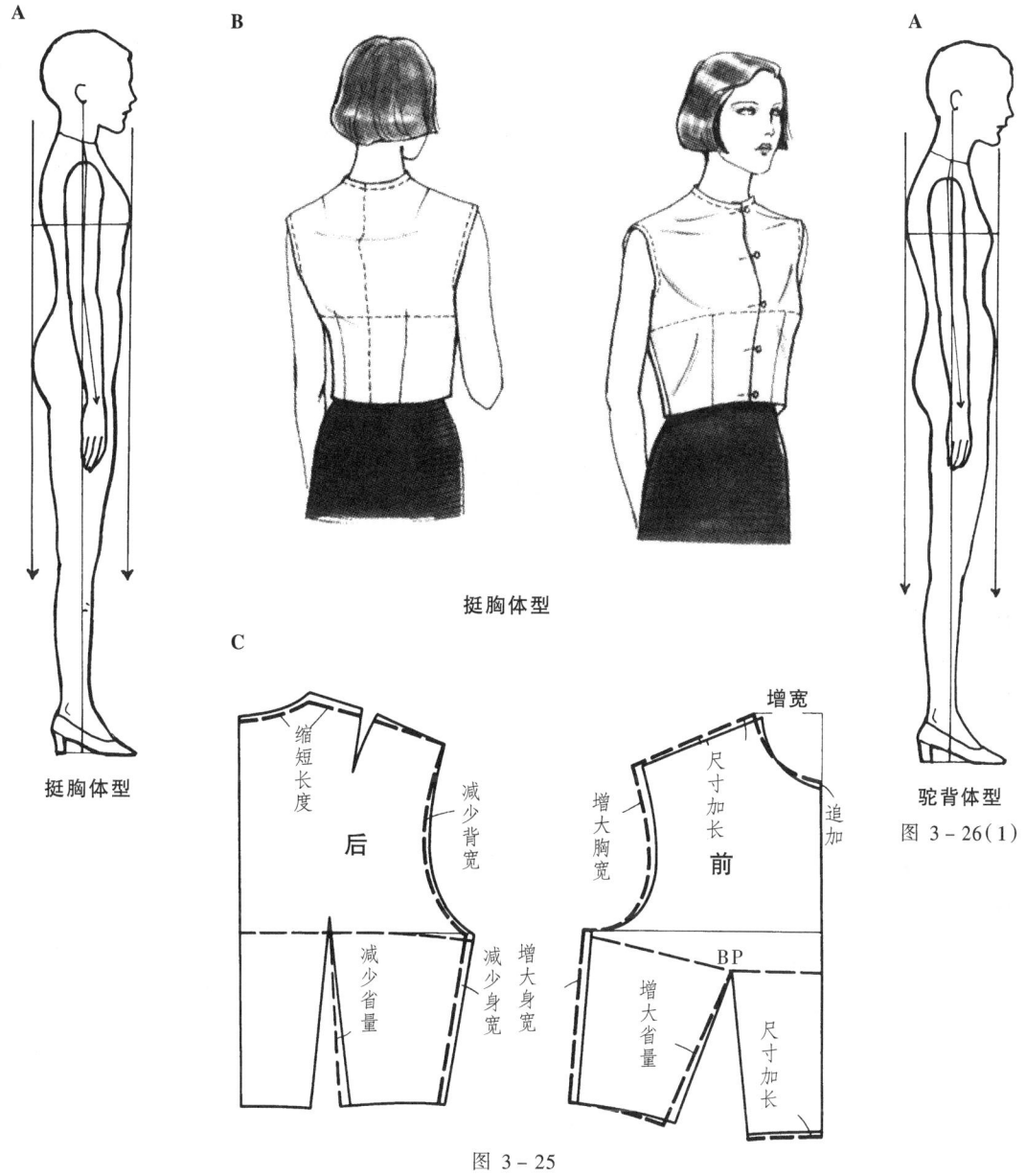

挺胸体型

挺胸体型

驼背体型

图 3-26(1)

图 3-25

乳房的发达,使周围产生绷紧褶,前摆上提(A)。

(12) **样板展开** 按 B 那样追加前长与前宽,并增大胸省量。后面有时可以不动。

(13) **中老年的体型** 到了这个年龄后,从背部的颈根部到肩部肌肉很发达,所以要追加从后领口到肩部的不足量。在胸部,乳房也逐渐下垂,但为了好看,乳峰点可以不必下降。

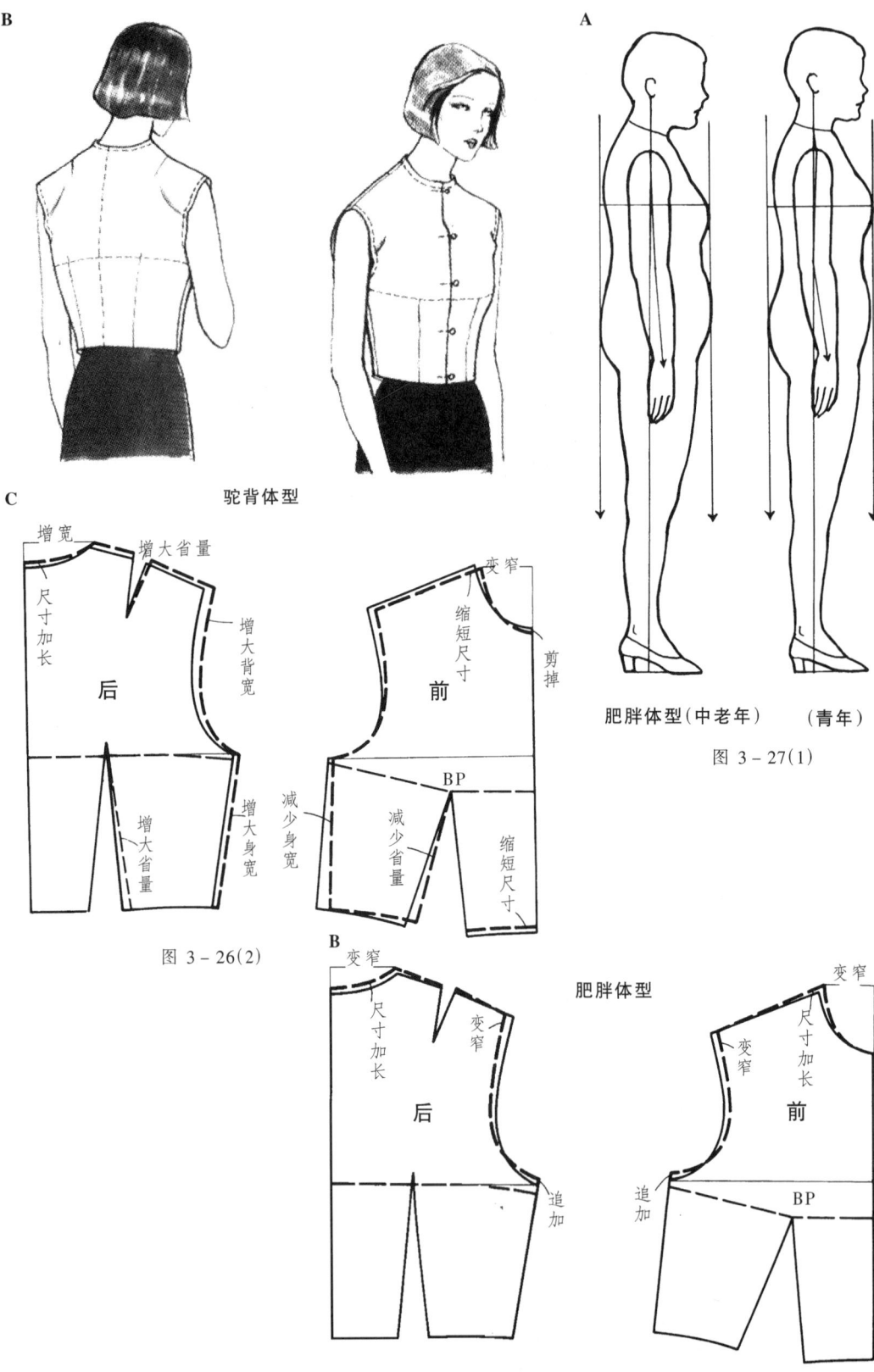

图 3-26(2)

肥胖体型(中老年) (青年)
图 3-27(1)

图 3-27(2)

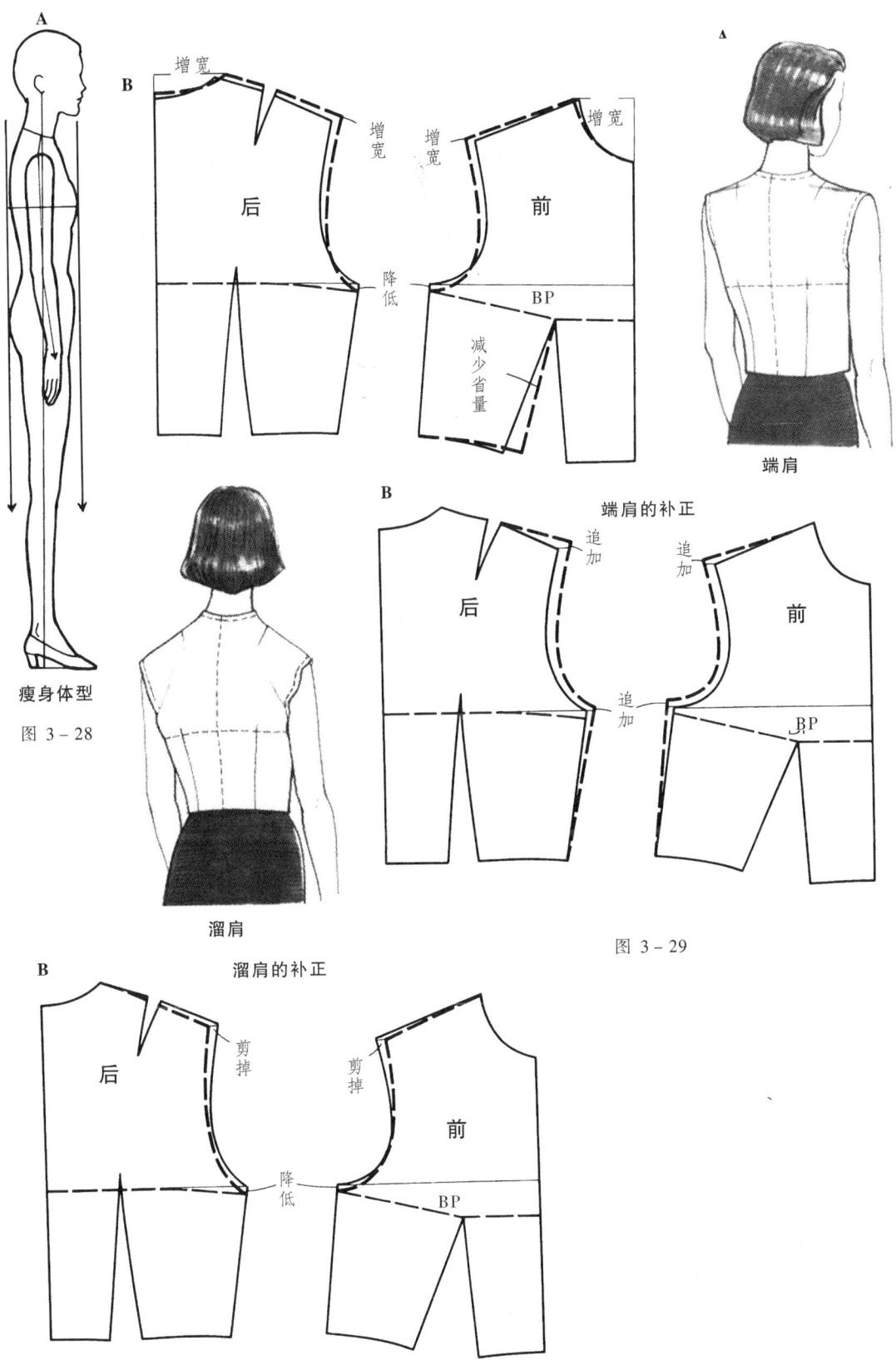

瘦身体型

图 3-28

端肩

溜肩

端肩的补正

图 3-29

溜肩的补正

图 3-30

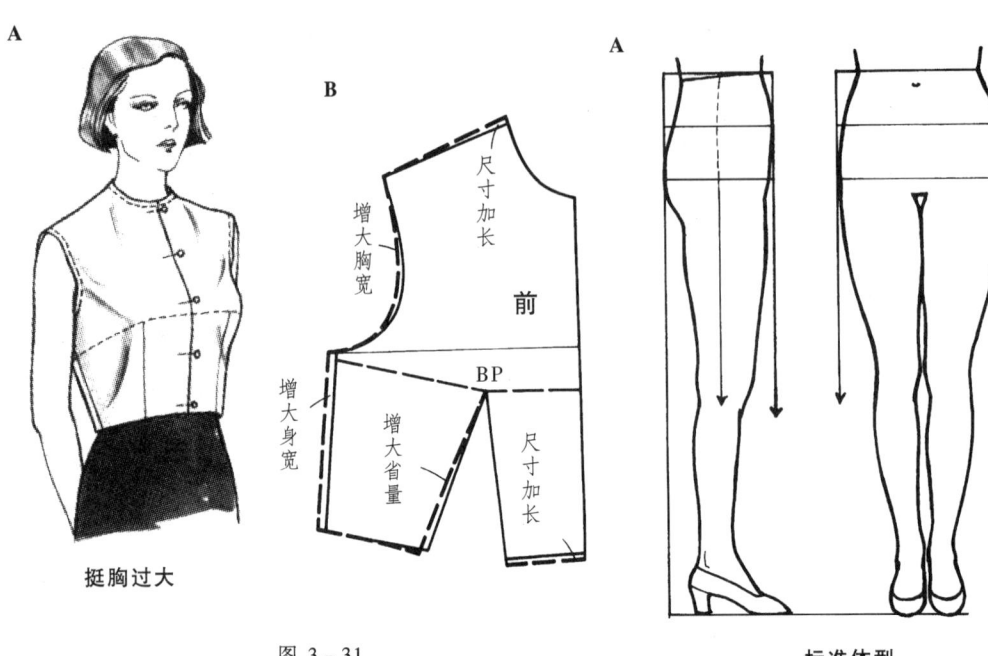

挺胸过大

图 3-31

下肢各部位尺寸表

单位:cm

模特\部位		19岁
腰围(W)		62
中臀围(MH)		82
臀围(H)		88
宽度	W	22
	MH	29.5
	H	31.5
厚度	W	16
	MH	19
	H	21
腰高		18
身长		157
体重(kg)		50

标准体型

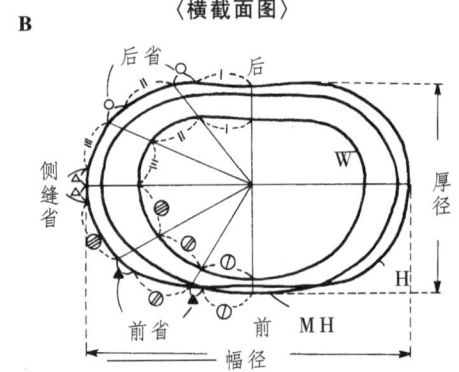

〈横截面图〉

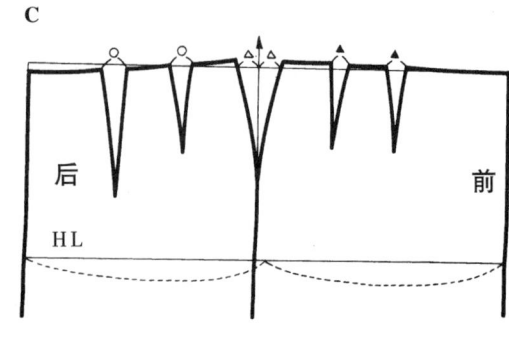

图 3-32

2. 下半身的各体型与样板展开

（1）下肢各部位尺寸表 宽度与厚度，通过数值就知道了。宽度是从正面看到的尺寸，厚度是从侧面看到的尺寸。表中所列的是接近标准体的尺寸。宽度与厚度的差越大，体型越瘦；差越小，体型越胖。

覆盖下半身的衣服在中臀围处，如果合体的话，穿脱就较为方便。一般，成人的腰围与中臀围的差较大，中臀围与臀围的差较小，并且后中心的腰围线比水平线要低。

以下举五种体型的例子，来解释不同的体型观察现样板展开。下半身的样板参照的是"接腰型连衣裙"一项。

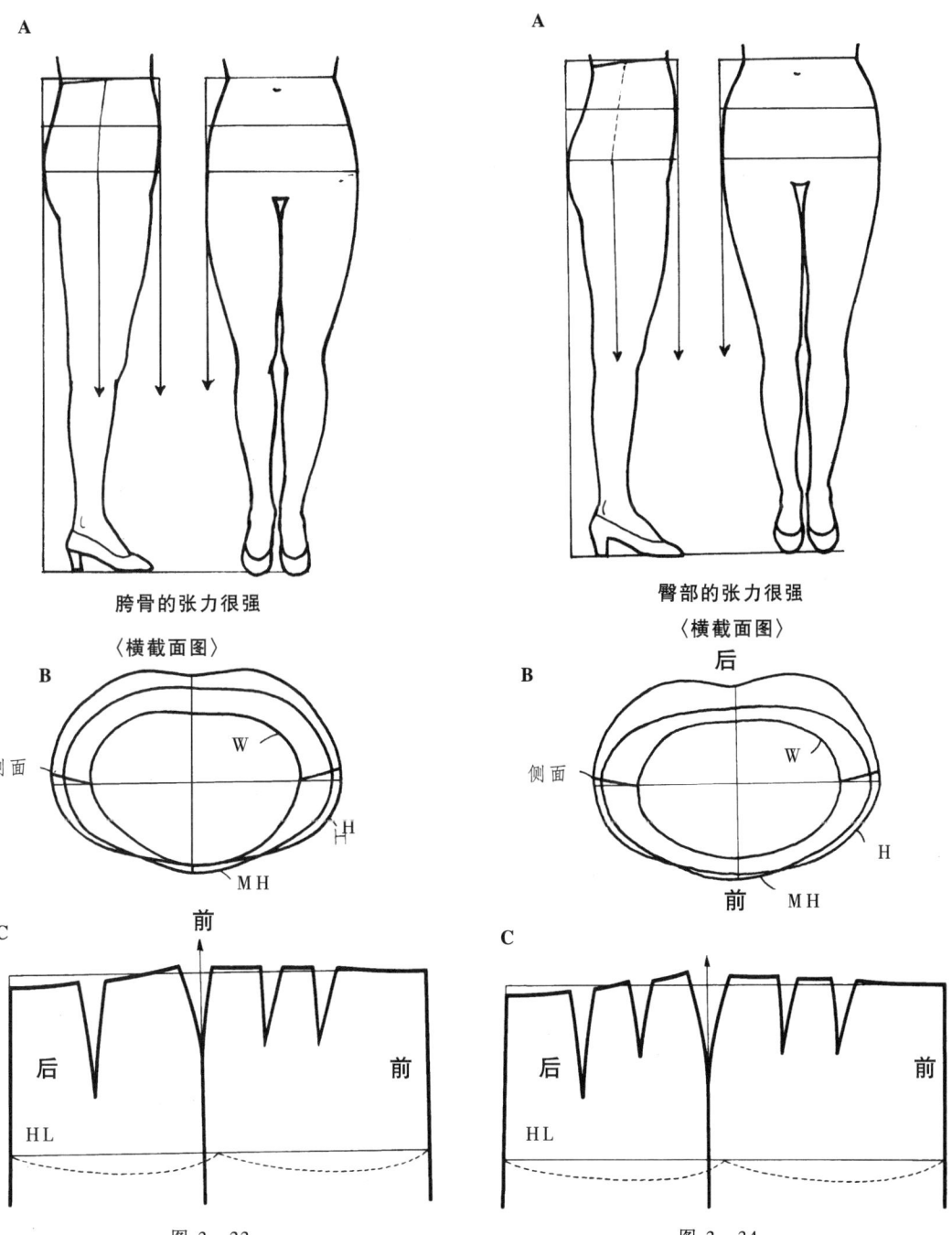

图 3-33　　　　　　　　　图 3-34

(2)**标准体型**(图 3-32) A 是侧面与前面的体型。在前后的突出部位,按图引出垂线后,凹凸很明显,下半身的特征也一目了然。

B 是腰围线、中臀线、臀围线的横切断面图。从重心向外的线,表示省缝的位置与省量。

(3)**样板展开** 在参照 B 的基础上,把臀围与腰围的差合理分割成省缝(C)。

把侧缝线从腰围线和臀围线的中间向后移动 1cm,在侧面的中央下垂。

(4)**胯骨的张力很强**(图 3-33) 从横切断面图中能看出,腰围与臀围尺寸的差很大,胯骨的张力很强,又叫蜂腰。

(5)**样板展开** 因在靠近前侧缝处胯骨的张力最强,所以,前面的省量要增大,长度要缩短。并且侧缝的倾斜度要减小(C)。

(6)**臀部的张力很强**(图 3-34) 在靠近后臀围线处肥度较大(A、B)。

(7)**样板展开** 为了符合臀围的肥度,后省取 2 个,省量也增大。省缝的长度也缩短。

(8)**肥胖体,腹部突出,肥度大**(图 3-35) 把宽度与厚度进行比较,就知是肥胖体,其腰围、中臀围、臀围尺寸的差都小(A、B)。

(9)**样板展开** 因各部位的差较小,省量要减少,省缝的长度也要缩短(C)。

前长不足,要从腰围线向上追加。

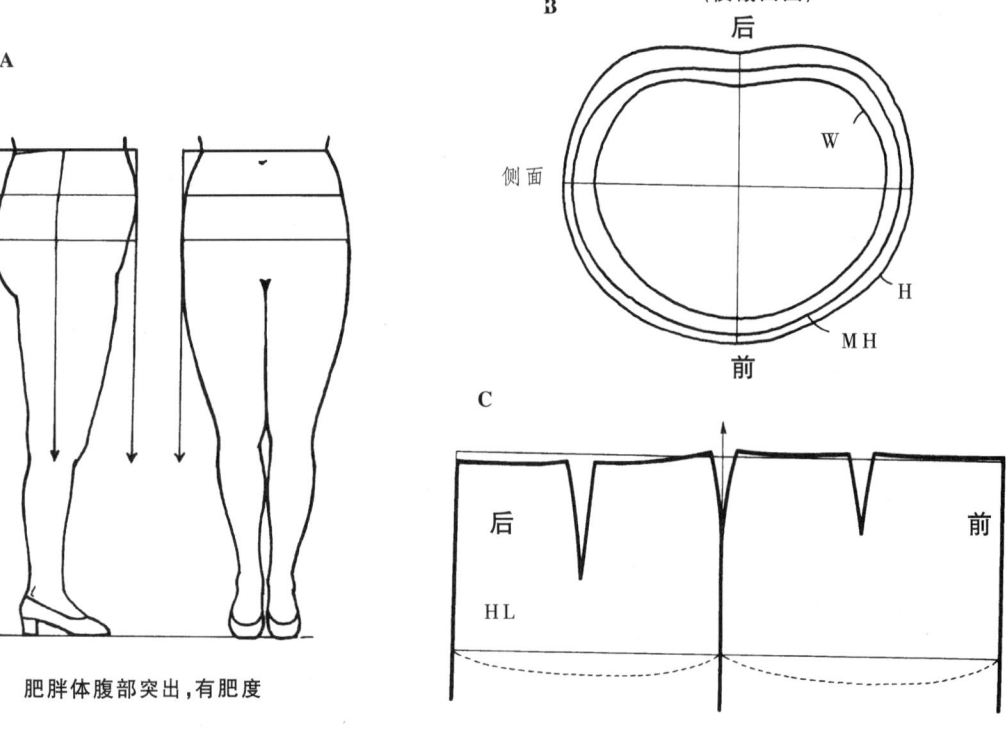

肥胖体腹部突出,有肥度

图 3-35

(10)**大腿部的张力很强**(图 3-36) 除以上的体型外,还有大腿部比臀围更突出的体型。在这种情况下,或者是增加臀围的余量,或者是把前下摆在侧缝放出的尺寸增大,以增加大腿部的余量。

以上各种体型用文字和图示加以说明,但因存在有个人差别与一些细节,那么就需要用设计和素材来掩盖这些缺点,达到完美的地步。

3. 纵方向的分割

在前一项中,把上半身与下半身分开,结合不同的体型说明了样板的展开。在这里解释上下腰围线相连续,在纵向放入破缝线以适合体型的方法。

(1)样板展开 (图3-37、图3-38)

前身A,以省缝分割的要领压住BP点,使侧缝的下摆达到腰围线的水平线为止,移动原型取肩省(图3-37)。

裙子的省缝移动到分割线的位置。前面因大腿部突出的人较多,所以,在臀围线上交叉0.5cm后,再向下延长。

然后按图3-38那样,连接前后的上下样板。在侧缝、省缝等位置重叠的部分制作时,用熨斗拔开。在腰线不断开的设计中,要使用这种样板。

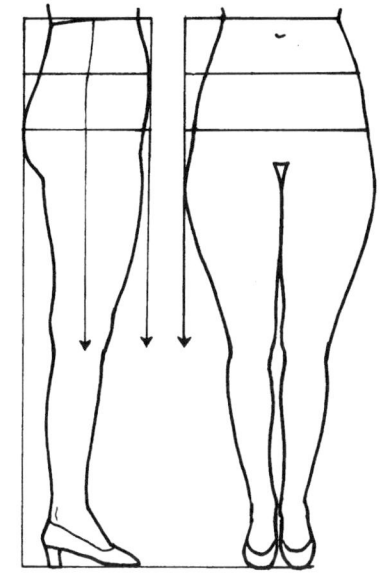

大腿部的张力很强

图3-36

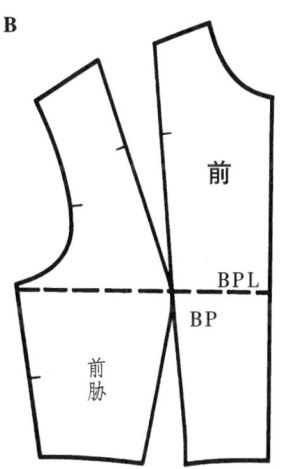

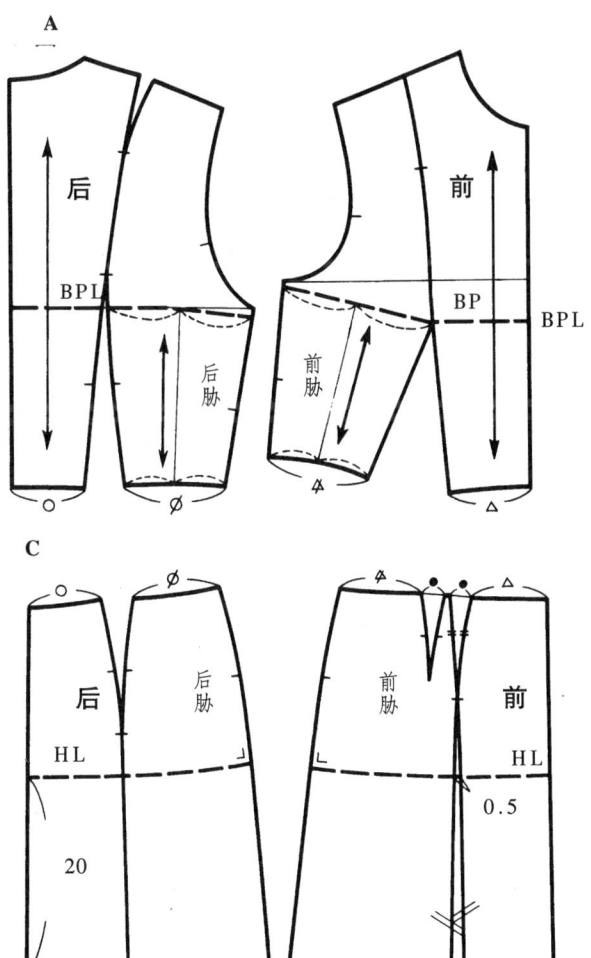

图3-37

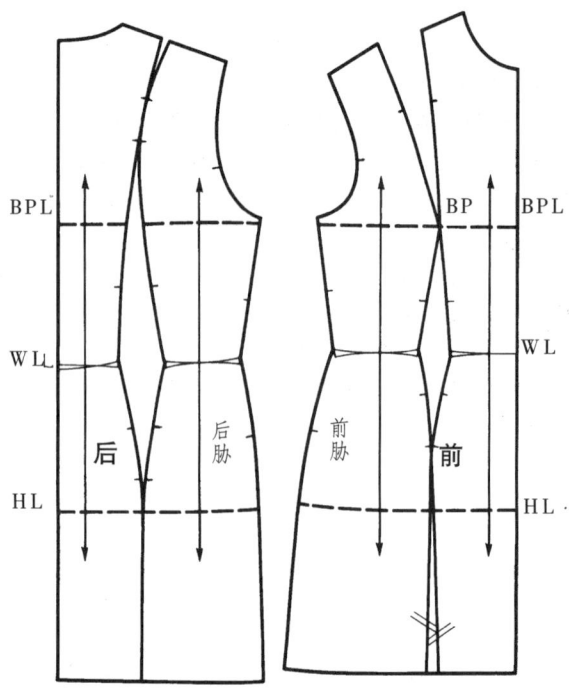

图 3-38

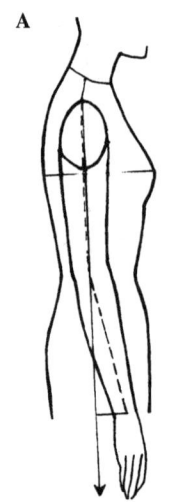
胳膊的方向

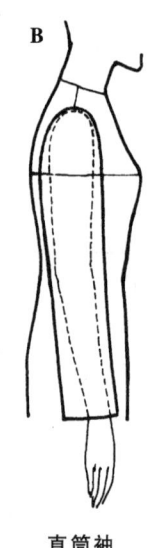
直筒袖

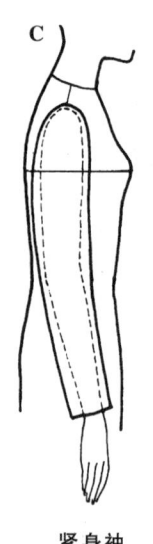
紧身袖

图 3-39

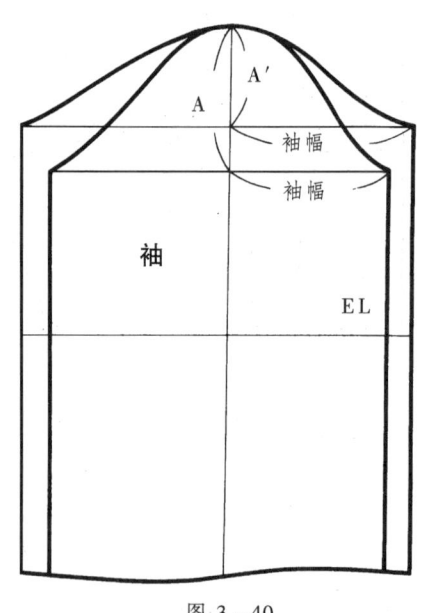

图 3-40

（2）袖（图 3-39、图 3-40） 当胳膊下垂时，手掌像 A 那样稳定在前方。在日常生活中，手要不断地向前方做各种动作，所以，特别要考虑到袖子的运动量是很有必要的。

B 和 C 分别表示直筒袖与紧身袖相对于胳膊自然下垂后的状态，可见在前腋点需要 1cm 以上，后腋点需要 1.5cm 以上的余量。对于紧身袖，为了适合胳膊的方向性，需要自然的余量。

图 3-40 表示的是上肢与袖上肥余量的关系，这里一定要牢记袖山高与机能性的关系。

原型的袖子是考虑到胳膊的动作，以上抬 40°~45°的状态为基准而制作的，如要以机能性为主时，就像 A′那样降低袖山，那么袖下线变长，袖上肥增大，胳膊就更能活动自由了。

应用原型的局部制图

领　　子

因为领子与领口都是脖颈周围的装饰物，也有人认为它是脸面的镜框，它在服装中起的作用是很重要的。所设计出来的领形既要适合于脸形，又要符合脖颈的状态。

在这里，解释几种基本的领口与领子的制图，如果能在今后的不同服种和设计中，加以应用和发展的话，那是最好不过了。

圆领

沿颈根部呈圆形的领口叫圆领。原型的领口也属于圆领的一种。领口的大小要根据设计的不同进行变化。小的领口显得年轻，大的领口显得华丽。对于那些脖颈短而粗的人，稍开得大一些还是比较合适的。

按图那样先重叠前后侧颈点，再拼合肩线，画领口线。因为这是局部制图，顺序就是这样的，但在实际中，是分别画好前后的领口后再拼合肩线，订正领口线的顺接。在后中心中开大的尺寸，一般为在肩线上开大尺寸的 $\frac{1}{2} \sim \frac{1}{3}$，这样穿起来较为服帖也好看。但有时根据设计也会发生变化。

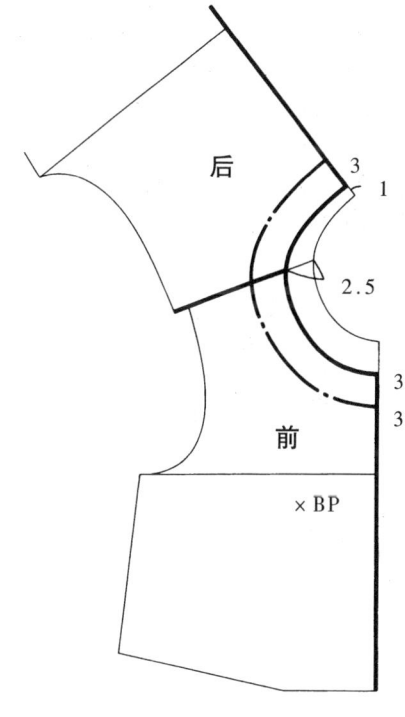

图 3-41

一字领

一字领是把领口横向开大，像船底形的领口。给人以温柔、善良的感觉。连衣裙经常采用这种领口。

领口开大的尺寸，根据设计是随便的，但在肩部如果开得过大的话，前身的余量就会在领口处飘浮起来。因此，在原型的肩线位置上，使前领口线沿水平方向向里移动0.5cm，缩小领口。这个尺寸根据领口开大的尺寸和锁骨的突出情况、鸡胸体等有些变化。后肩比

57

前肩多开大了 0.5cm，是为了分散肩省量，而符合于肩胛骨的突出。

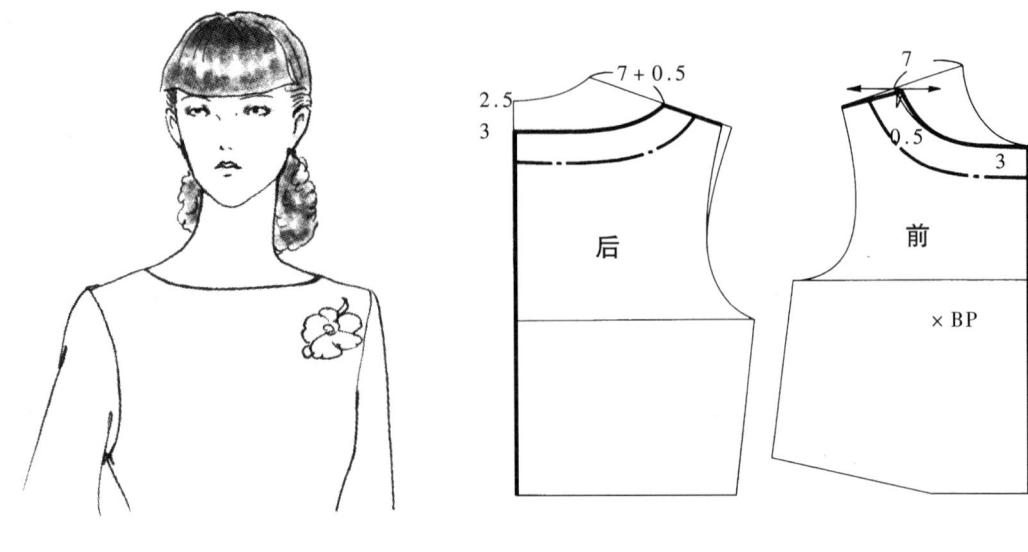

图 3－42

方领

开成四角形的领口。有前后都开成方角的和后领口是圆形的两种情况。同圆领和一字领相比，它更具有个性。和圆领一样，领口开大后会增加华丽感。

因这里在侧颈点开大的量较小，所以，前后就取了相同的尺寸。如果再想开大的话，就要像前面所讲的一字领那样必须移动前领口。前领口线如果从肩部垂直向下的话，那么看起来就觉得是斜的，所以要稍向中心靠近。横线为了给人以直线的感觉，要加上 0.3cm 的弧度。再有，后领口的角度要由前领口线的延长线来决定。

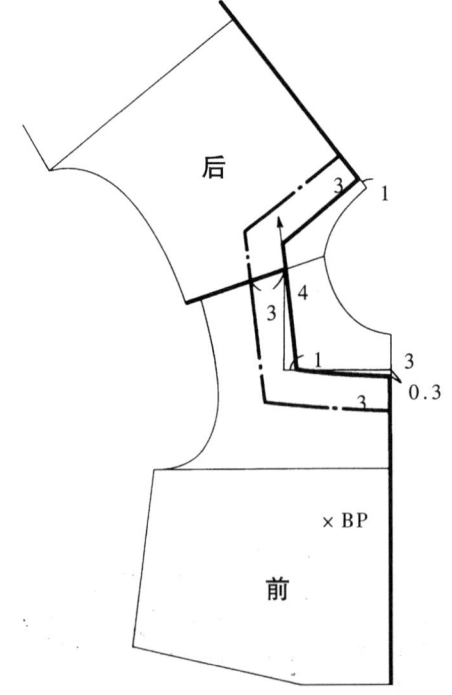

图 3－43

V字领

V字领的形状有各式各样。有宽的V字领,有细长的V字领,还有短的V字领等,因此,各种风格也不一样。但总的来说给人以成熟的感觉。应用范围也较为广泛。V字的深度除了夜礼服外,一般最深开到胸围线附近,如果再想加深就要垫上挡胸了,这要从设计方面动些脑筋。

制图时,后领口线如果较原型稍上移的话,那么V字形就更漂亮。要按图那样,将前后领口线画顺。

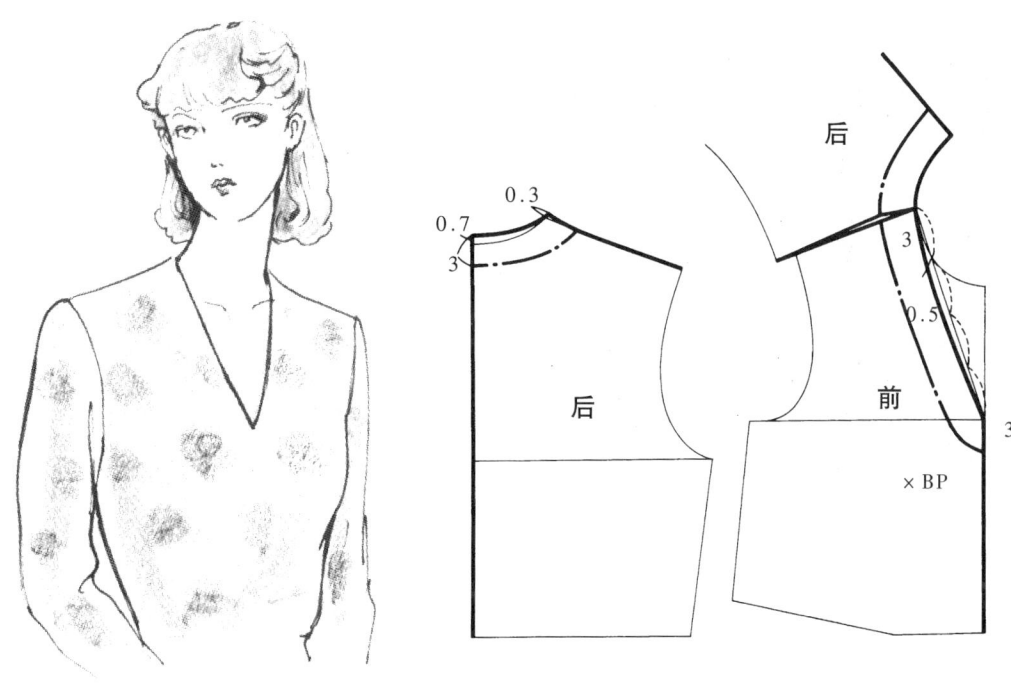

图 3-44

翻领

这个名称一般是衬衣领的总称,它还包括敞领和带有座领的翻领等。这里介绍的是后面有领座,而前面沿翻折线自然消失的翻领。这种领子根据领口开的大小和领宽、材料等变化,使用范围非常广泛。

这个领子的制图是今后讲解领子的基础,所以,对于充分理解它的构成是非常重要的。在制图前讲解以下几个方面:

先说明在①中显示的 x 尺寸。第一步定出前后身的领口线,然后利用它按①那样画出想要制作的领形。再按②那样画出直角线,在竖线上定出后领宽和领座宽,在横线上定出前后领口尺寸,画出领子的形状。以肩部附近为中心剪开后,使领外围尺寸达到在①中画的领外围尺寸,就变为了③。结果就定出了在垂直线上的 x 尺寸。领座与领宽的差越大,领外围的展开尺寸也越多,x 也就越大。换言之,根据 x 尺寸的增大或缩小,领外围的尺寸会加长或缩短。但根据穿衣人的肩的倾斜和胖瘦,也多少会发生些变化。当了解了这个道理后,以后的制图就会得心应手了。

开始制图。先画基础的直角线,在垂线以上的 3cm 处取后领口尺寸,再接着向前下方的基础线上量取前领口尺寸。这就是上领尺寸。在后中心定出 3cm 的领座和 3.5cm 的领宽,同前领宽 6cm 处相连接。画完轮廓线后画翻折线。

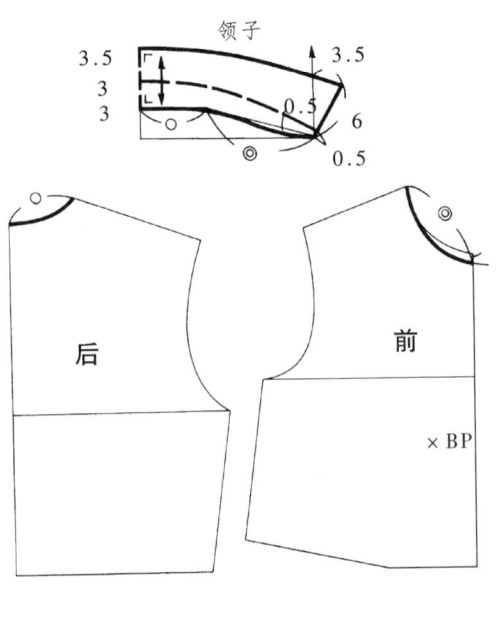

①

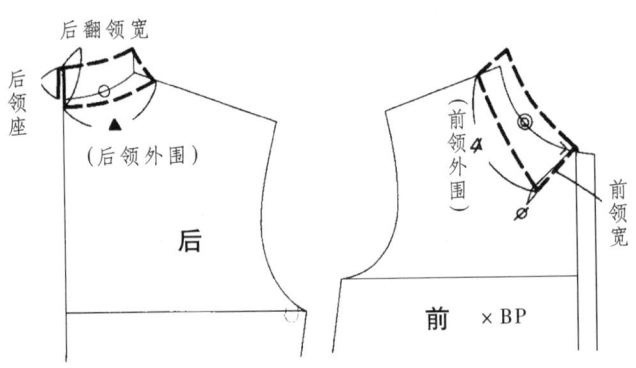
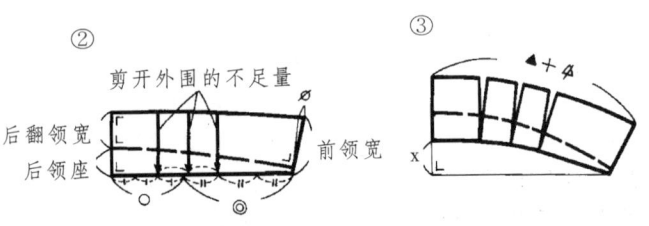

② ③

图 3-45

长方领

指近于长方形的领子。有运动感,在衬衣领中经常使用。因这种领子能立起来穿,又能翻下来穿,翻折线经常变化,所以,在制图的时候不用画入折线。前身的翻折线是假定线。领口线比折线稍向里移动,呈直线状。

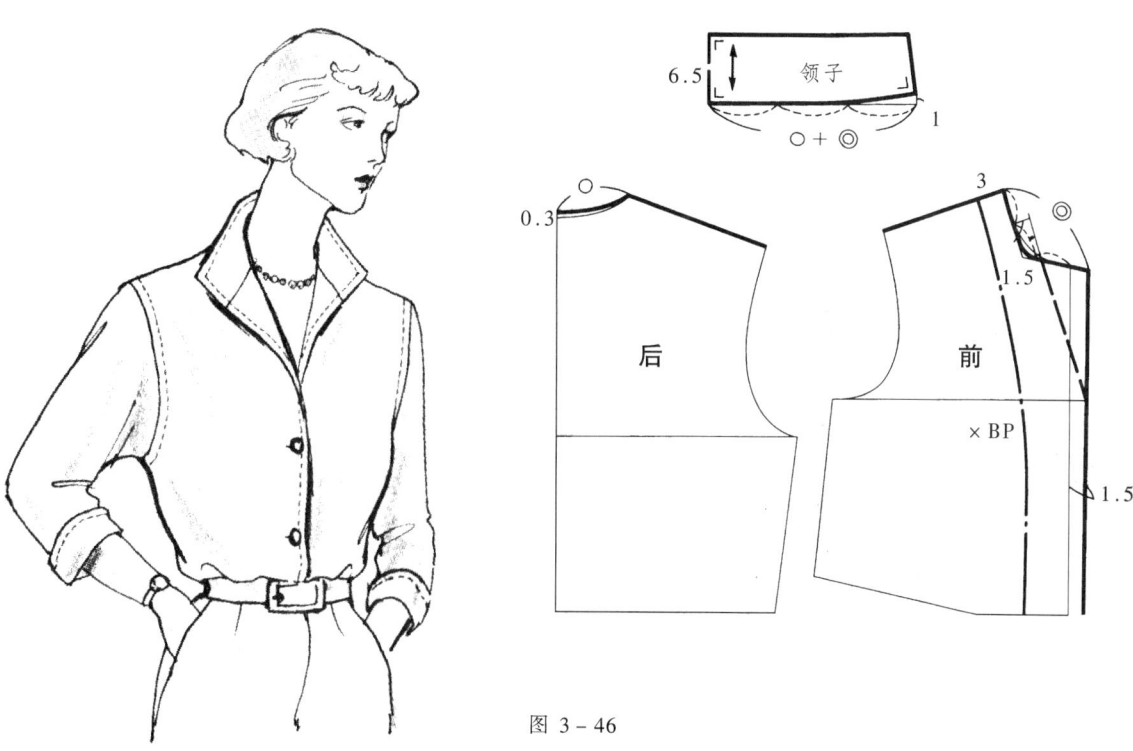

图 3-46

平领

平领是指领座很低,沿领口平翻的领子。根据领宽与领口的变化,可以制作出各式各样的形状。从童装到女服被广泛应用。

以身的领口为基础制图。首先在肩峰点重叠前后身。重叠量过大的话领外围尺寸就会变小,领座增高。领子的领口线在后面,比身抬高了 0.5cm 左右,要比身的领口稍短些,这样在上领的时候在肩部拔开,领子就很服帖。

水兵领属于平领的一种,是从水兵服的领子得来的名称。又常出现在女学生的制服上,显得朝气蓬勃。

制图时,使用前后身的领口,与平领的要领相同。前领口向下呈 V 字形,领外围的形状可以呈圆形,也可以呈方形,可以自由地变化。

立领

从领围线沿脖颈立起来的领子叫立领。领宽很随便,男学生服中就有这样的领子。

制图时,先确定前后身的领口线,再以领口线的长制领子。领子在前中心抬高的尺寸越大,就越贴近脖颈,抬高的尺寸越小,就越离开脖颈。并且抬高尺寸有时与领口尺寸的 $\frac{1}{4}$ 相连,也有时与 $\frac{1}{3}$ 相连,但 $\frac{1}{3}$ 要有离开脖颈的感觉。考虑到这些因素后,就可以结合设计自由决定领子的领口弧度了。领子的前中心向里移动了 0.2cm,这是为了让它与身的前中心成一条直线的缘故。移动的尺寸根据领口线的倾斜度和领宽等多少有些差异。

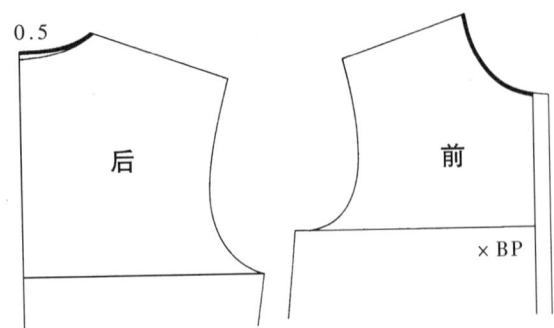
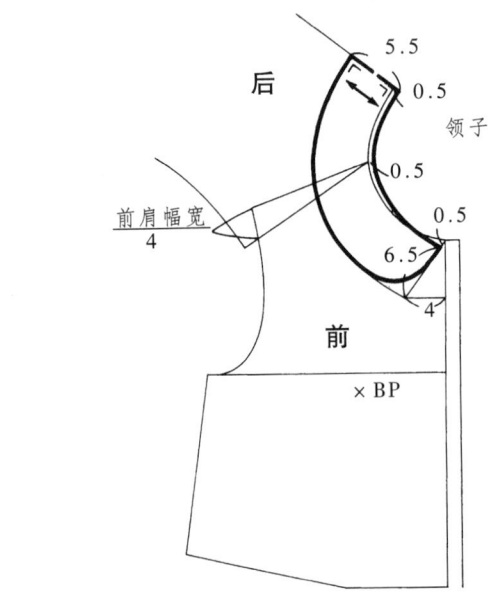

图 3-47

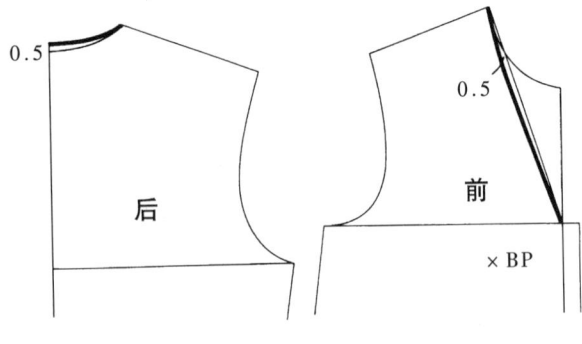

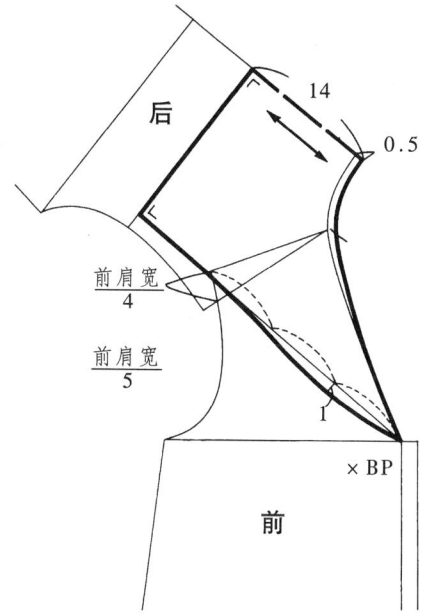

图 3-48

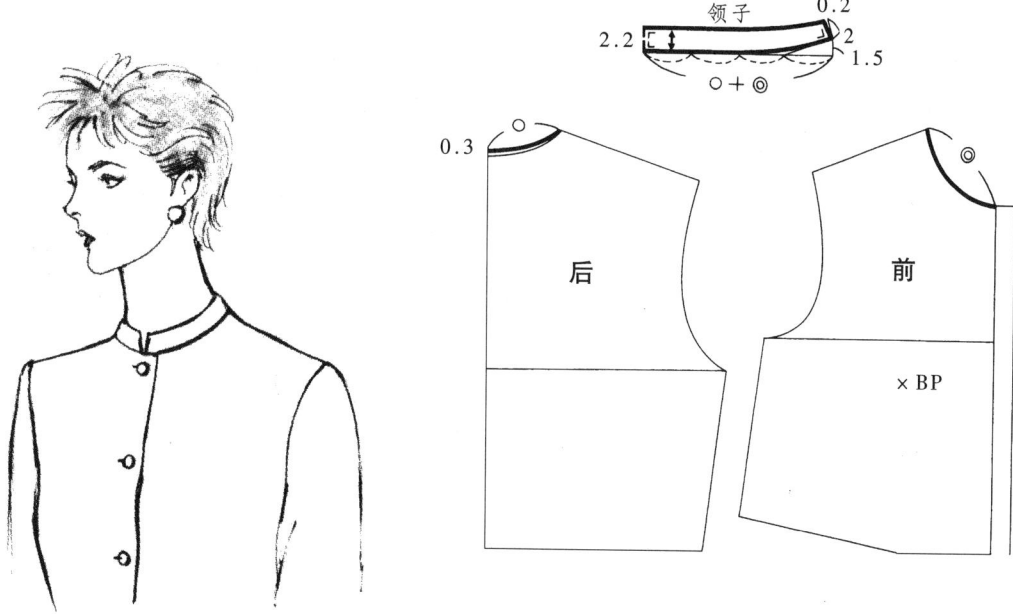

图 3-49

带有座领的衬衣领

这种领子在衬衣和罩衫中经常使用，具有运动感。从构造上来说，是在立领的上面加有翻领。

座领的制图方法可以考虑同立领是相同的。制图要领可参照前面所讲的翻领。座领的领口弧度越强，翻领部分的领口弧度也必须增大。

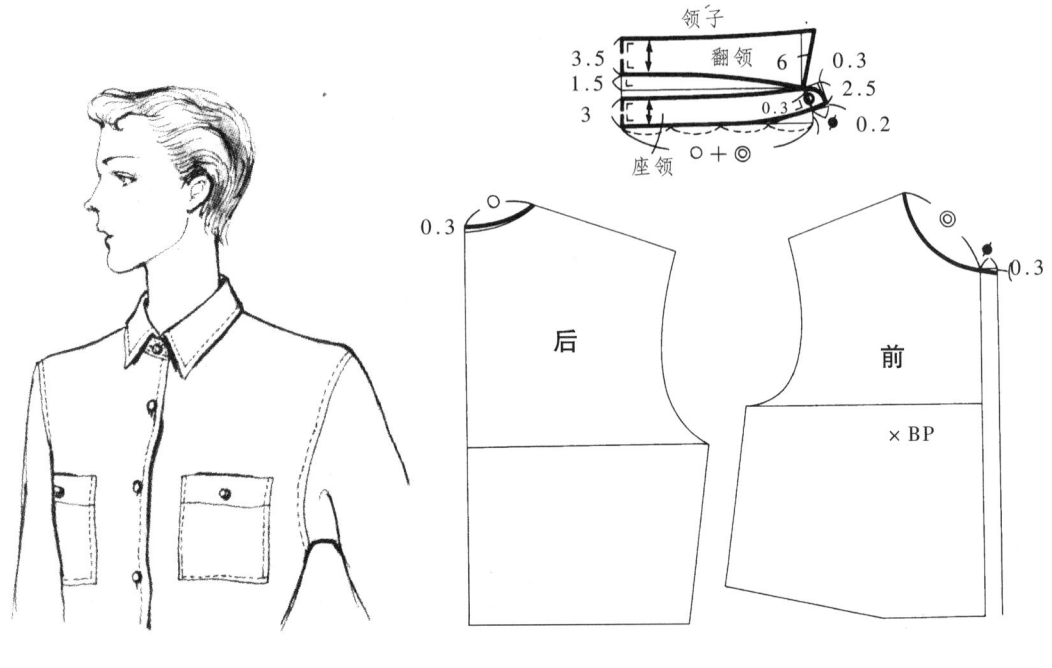

图 3-50

敞领

驳头与前领相连，且在脖颈下左右敞开的领子叫敞领。驳头可宽可窄，形状多种多样。这里解释的是基本型的敞领制图。

图 3-51

在制图时，领子的倾倒量是至关重要的，先就这个问题加以说明。首先按①那样，在前后身上画出想要的领形，其次把前领形按②那样，沿翻折线左右对称地拓下来。从前领座的位置开始画折线的平行线，取后领口的长。再从它的垂线上取后领座宽和后领宽，同前领的外围线相连。因为在①中预定的外围尺寸（● + △）是必要的，所以，按③那样在肩线的延长线上剪开，放出必要尺寸。这样就定出了倾倒尺寸。这是从制图角度思考的方法，在实际中，根据肩的倾斜和肌肉的发育等多少会有些出入。领子的倾倒量越大，领外围尺寸就越长。所以，在制图的时候一定要深刻领会这种关系。

以下按顺序说明制图方法。

①在前领口的 $\frac{1}{3}$ 处，定出前领座的宽，这条线大约平行于肩线或稍向上斜。连接领座与折线终点，这便是驳口折线。从决定前领座的位置开始，画折线的平行线，从侧颈点向上取后领口的长。

②以侧颈点为基点，后领口长为半径画弧，在弧线上取倾倒量3cm，与侧颈点用直线相连，这就是后上领线。前上领线从折线向里进1.5cm～2cm画直线。

③打后上领线的垂线，定出后领座宽和领宽。

④定出前领宽，画出连顺的轮廓线。

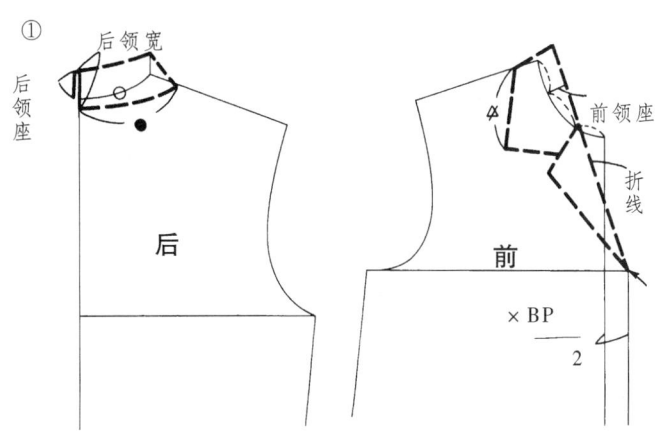

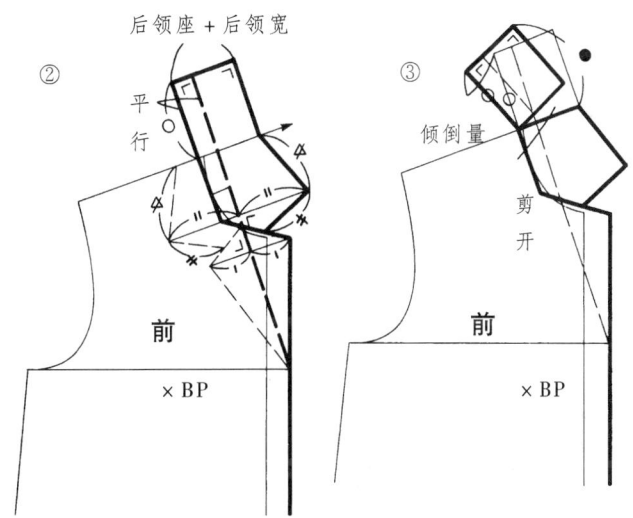

图 3-52

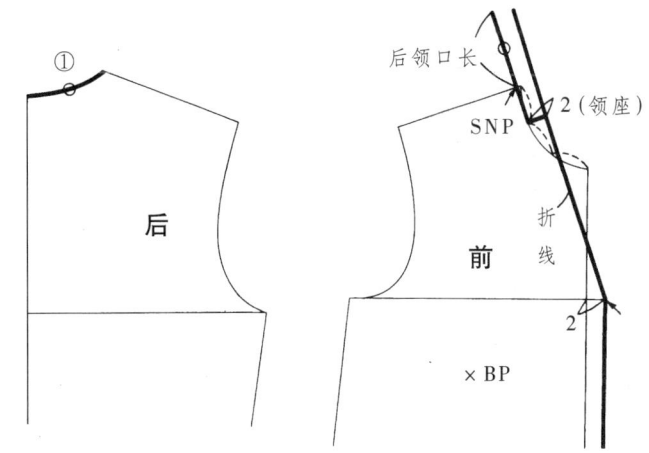

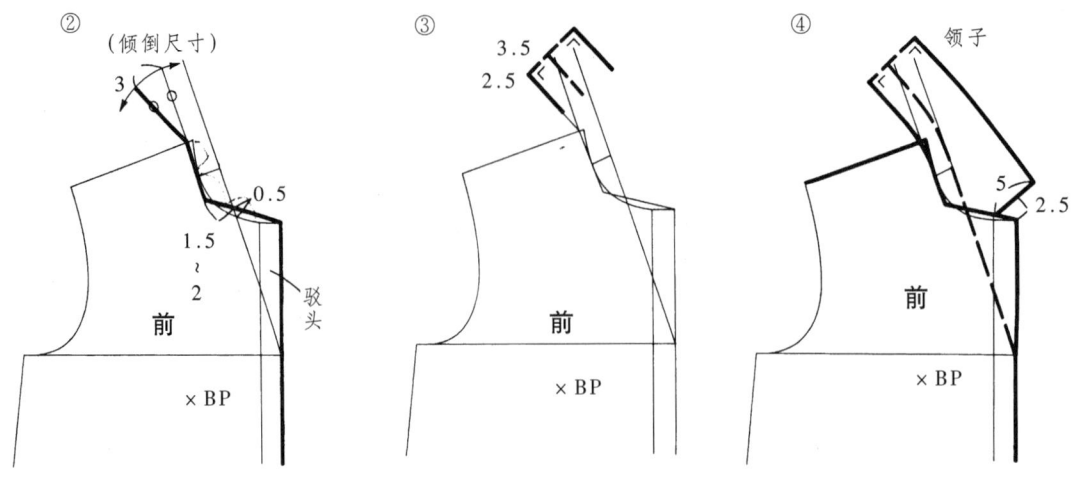

图 3-53

蝴蝶结领

蝴蝶结领,给人以可爱、华丽的感觉。领宽和长要看系好以后的效果而定。上领止点要考虑到打结的厚度而定。要裁成斜纱就会有柔软的感觉。

定出领宽后取上领尺寸(○+◎)。上领止点从前中心偏移3cm,是因为有打结的厚度。领长从前中心开始决定,前部放宽些会增加华丽感。

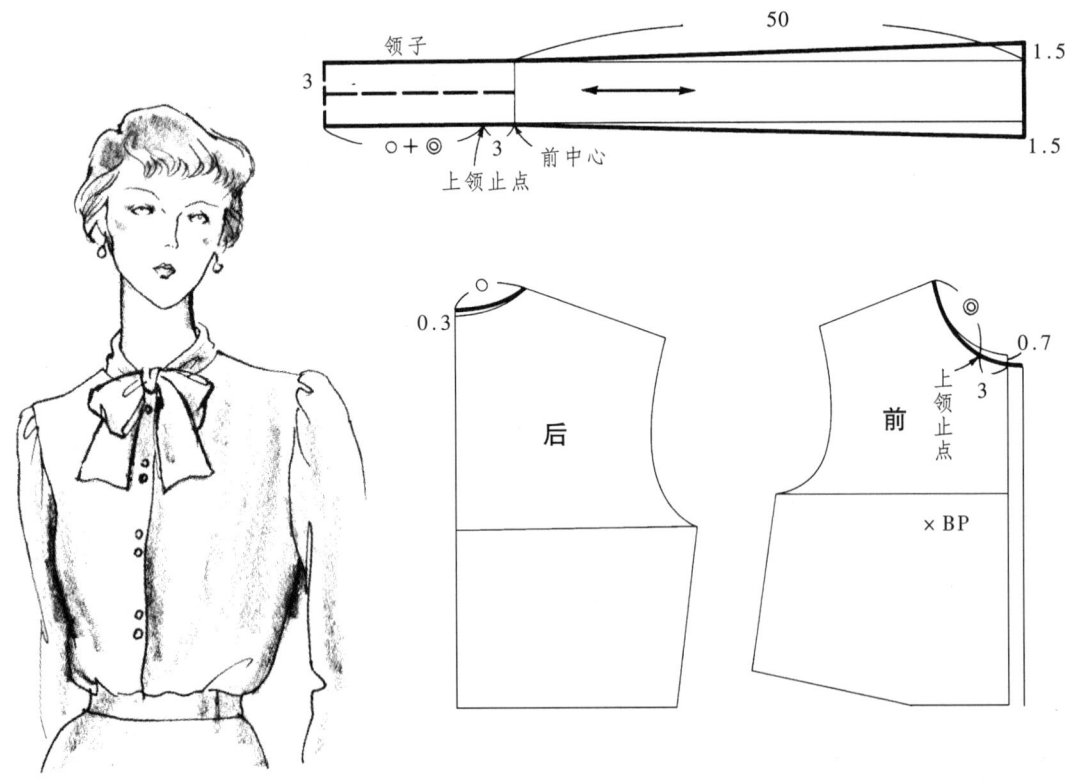

图 3-54

围巾领

围巾领,像领带那样在前面打结下垂的领子。它的制图也能像蝴蝶结领那样呈直线形,但如图那样形成弧度后,更会诱发出女性的温柔感。

先画基本的直角线,再按图取前后领口尺寸。围巾部分是先把前上领线的基础线延长10cm,再向内打垂线2cm,与上领止点连接后在延长线上决定。至于领宽与长度,可以根据设计进行多种变化了。而后画领外围线。这个领子在穿着时是折下来的,但是,折线根据穿法的不同是要变化的,因此,在图上没有画入。

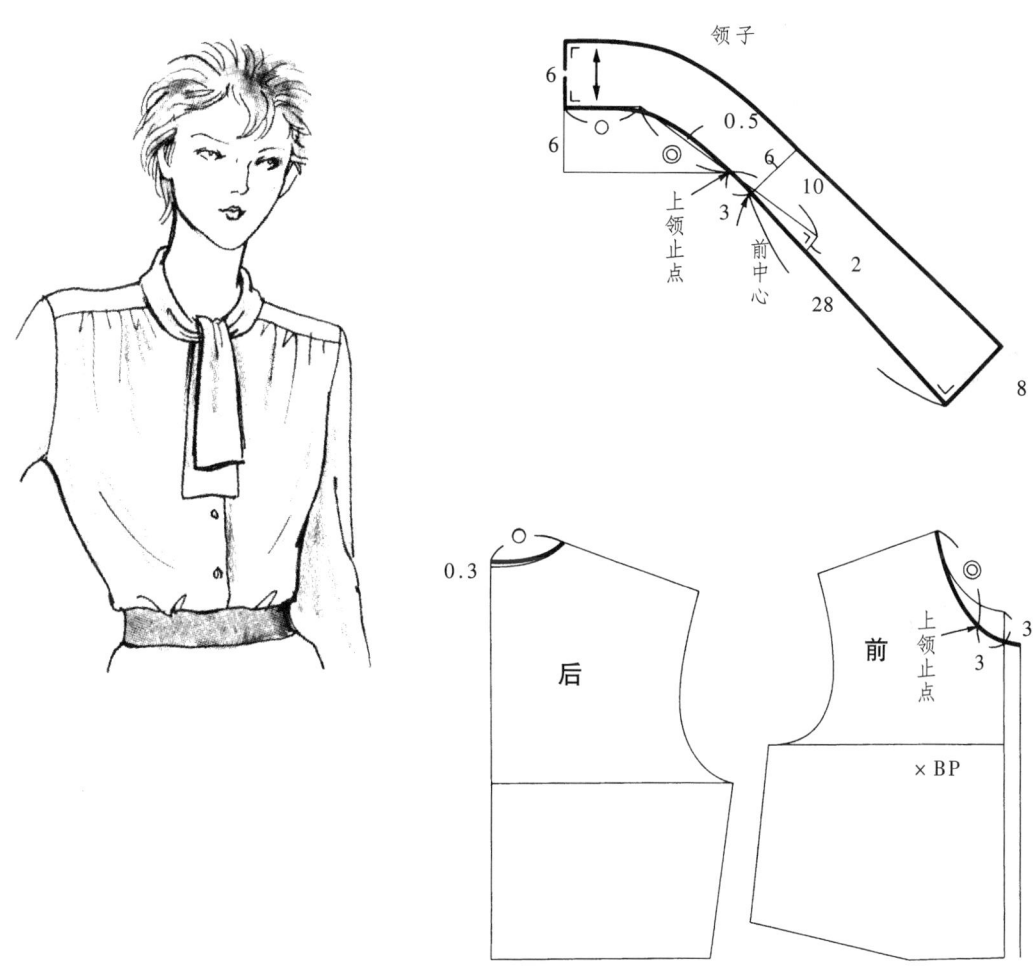

图 3-55

袖 子

袖子属于衣服的一部分，与身的组合有多种多样。这里边也包括无袖的衣服。袖子的形状不仅要富有机能性，还要具有装饰性和一定的比例。从设计上来讲，袖子的形状有直线形、曲线形和加有各种褶形的袖子。这里解释几种基本型的袖子。

带袖头的基本袖

在原型的袖口收活褶或抽褶，上袖头的基本袖。长度上作为抽褶的膨胀量，从袖头宽中少减去 1cm，作为屈臂的余量，在袖口的后侧追加 1cm。在袖头的长度中，加有布的厚度量和活动的松量，还有搭合量。

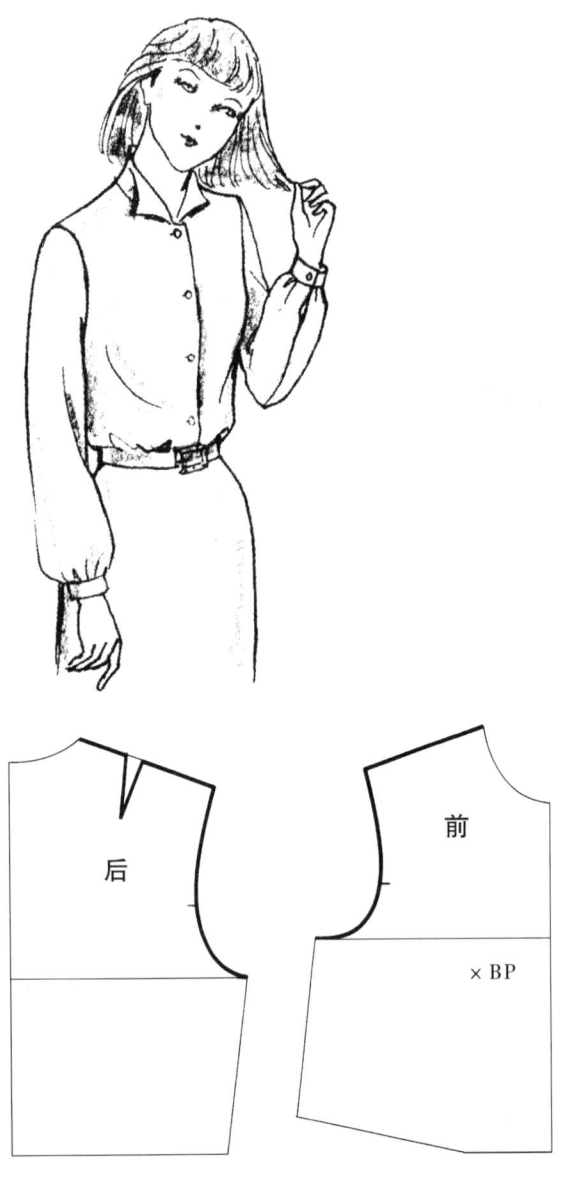

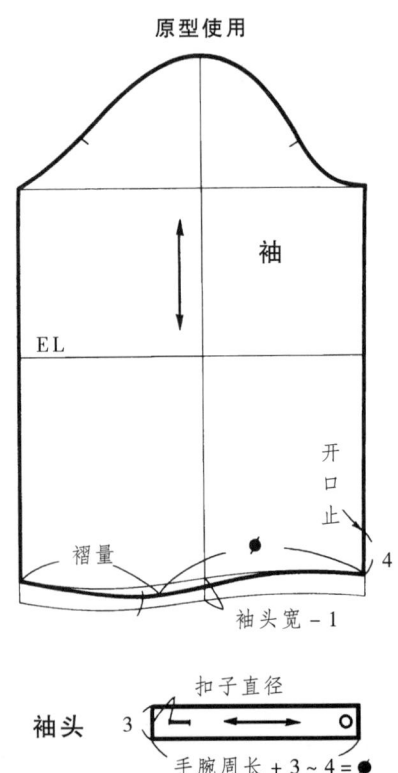

图 3-56

灯笼袖(半袖)

半截灯笼袖,给人以可爱感。首先使用原型制图。定出袖长,为加入袖口的褶量,画入剪开线。然后压住箭头,按图展开样板,放出褶量。

在袖口追加膨胀量,整理袖形。为了抬胳膊方便,把袖底缝线向上抬高1cm,订正袖山线。袖头的长度在大臂的周长中加有余量。

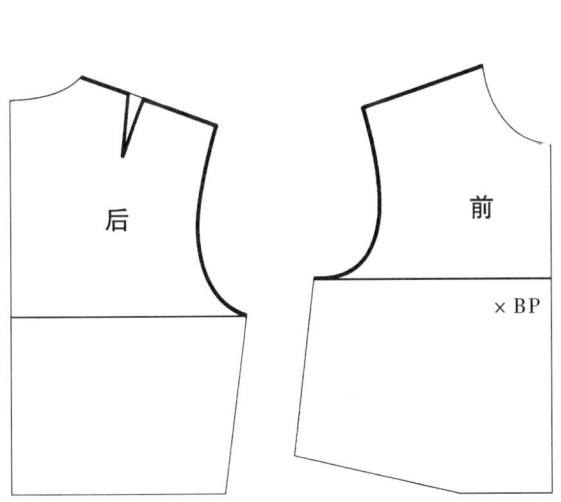

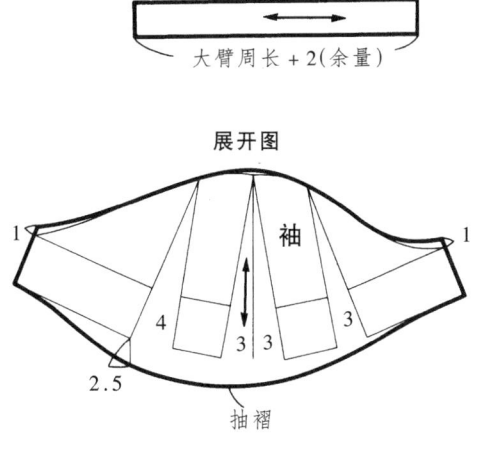

图 3-57

在袖山中加有褶量的灯笼袖

袖山中的褶量按图那样，剪开样板加放。前后袖山肥都加宽 1cm～1.5cm，袖口稍向内侧偏移，画袖底缝线。这些尺寸也可根据设计增减。袖山高追加 1cm，订正袖山弧线。

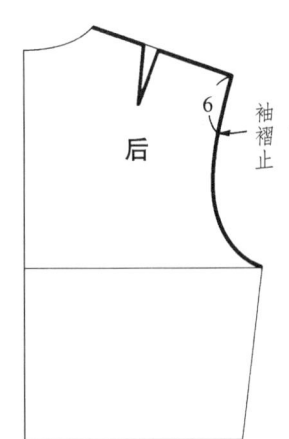

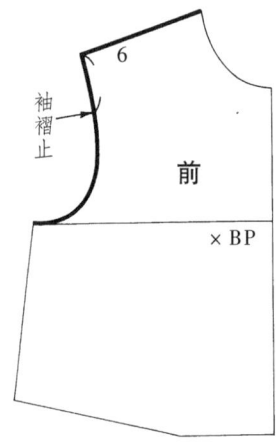

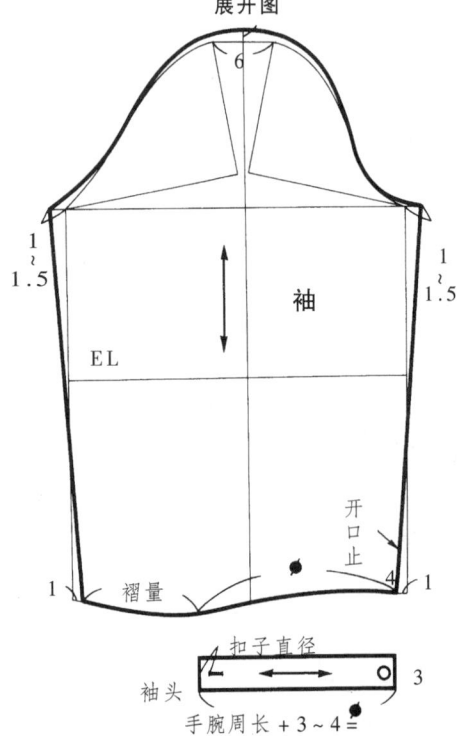

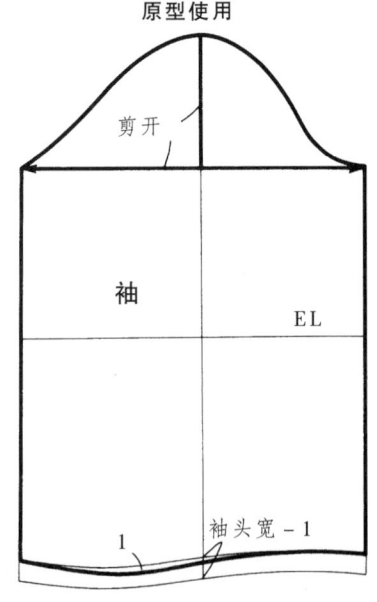

图 3-58

紧身袖

这是瘦型袖的总称。一般不受流行的影响，是基本的袖子。余量较小，为了不影响胳膊弯曲时的机能性，它的方向性一定要强。

制图时，首先为了符合胳膊的形状，袖山线要向前移动 2cm～3cm。袖山尺寸是在手掌周长中加入余量。但如想要很瘦的袖口时，就要在手腕周长中加入余量，在袖底缝做开衩。为了举手方便，袖底缝向上抬高了 1cm，订正袖山弧线。袖底缝线的尺寸差，可以在前侧拔开，后侧归进，以求得等长。还可以作为省缝来处理。一般是在后侧底缝线上取前后差的 $\frac{2}{3}$ 省，剩余的在前侧拔开。这就是像 A 图那样折叠省缝后，前袖底缝线的不足量便会展开，展开量要通过拔来解决，这样才能使袖子符合于胳膊的方向性。

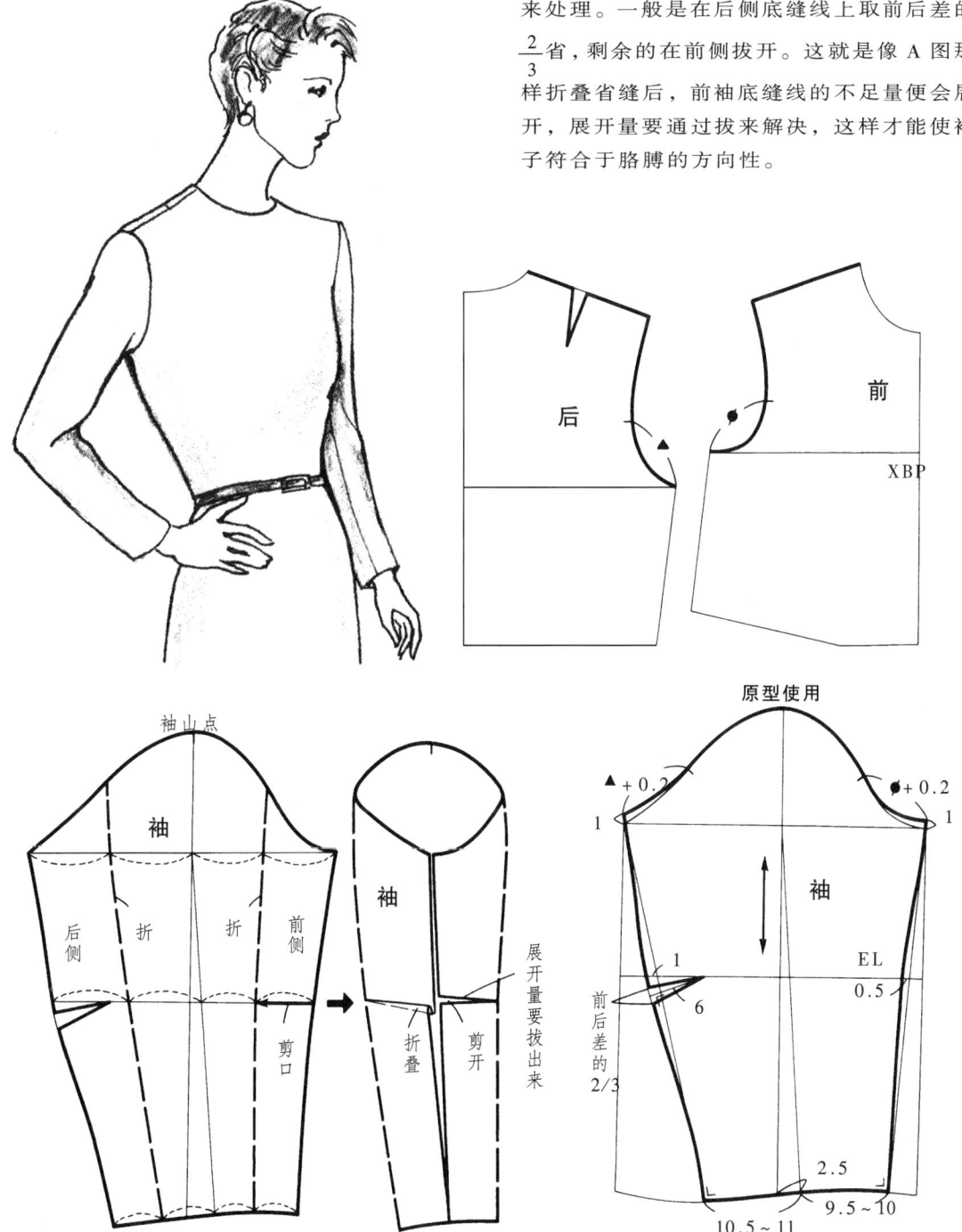

图 3-59

和服袖

因袖子的造型为直线形，很像和服的袖子，所以叫作和服袖。袖子是同身连续裁剪的。袖山线的倾斜越大，袖底缝就会越短，胳膊越不好抬。那样，就要在袖底缝加入三角衩放出活动量。但如果只考虑机能性，倾斜较小的话，当胳膊下垂时，在腋下就会有很多余褶出现。这时，有必要把它看作是造型上的褶，是美的。这里解释的是倾斜较小的制图。

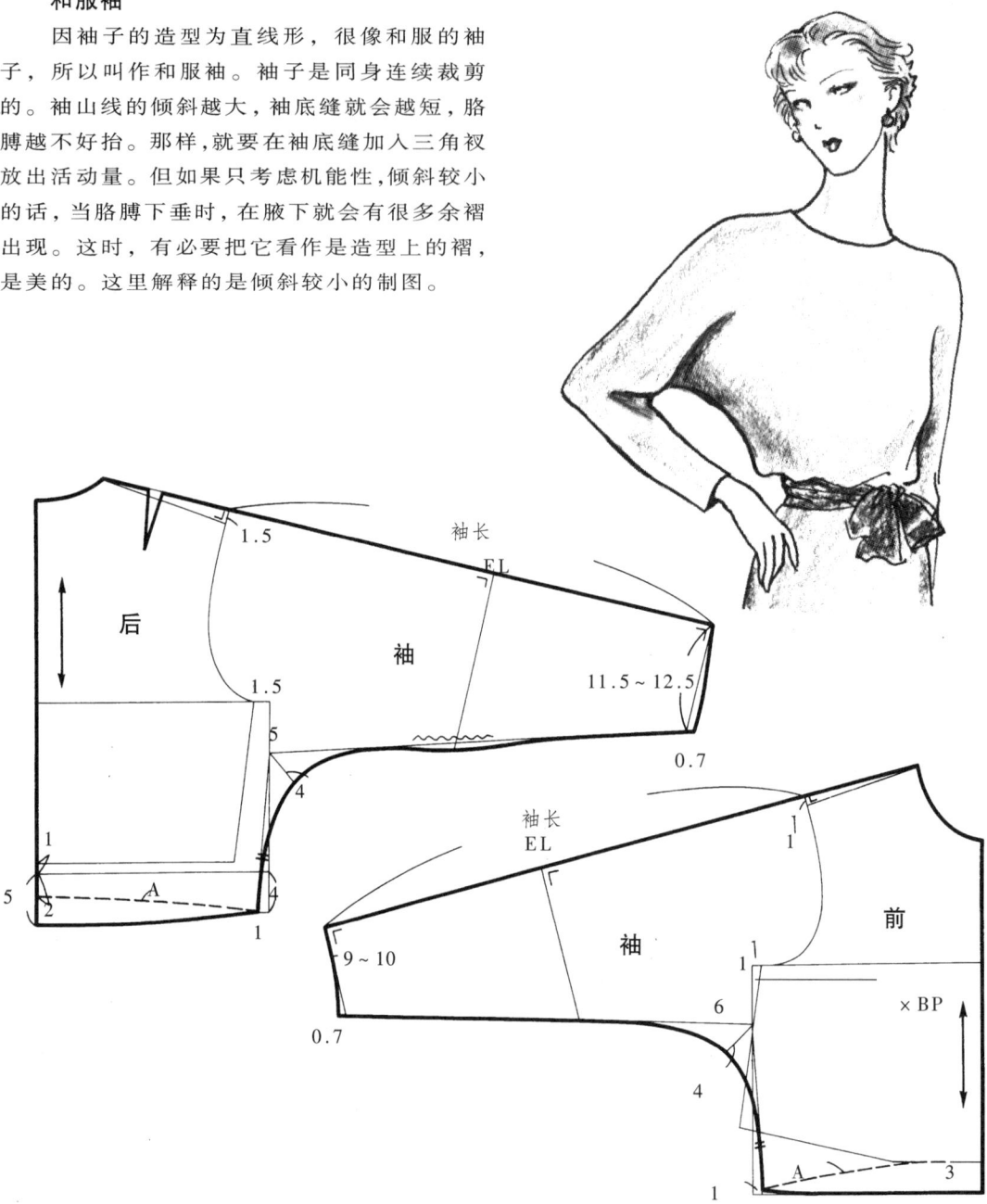

图 3-60

关于胸省的处理方法，根据设计的不同是有很多种的。这里是把后片原型从腰围线向上抬高 1cm，以分散前胸的省量。还有一个作用，就是对长度的追加。胸围也增加了宽松量。为了穿着轻松，袖山线直接从肩峰点抬高，决定袖长。在考虑倾斜度的同时，还要想到使前后袖底缝线趋于等长。如果后袖稍长时，就在肘的位置收省或归进，以符合胳膊的方向性。要想减少腰围量的时候，有必要按 A 线追加侧缝的长度。袖口尺寸是在手掌周长中加入余量（2cm 左右）来定。

衬衣的基础

可以看到,在要求舒适度很高的衣服中,从设计上大多采用了衬衣的特点。在这里就基本的衬衣制图加以说明。对于身的余量加放、肩的倾斜、袖窿线和胸省的处理等,要根据不同的设计结合机能性来决定尺寸。

1. 大身(图3-61)

要想做出平面型的衬衣,就不能收省,要分散前胸的省量。首先把后片原型从前片原型的腰围线向上抬高1cm~1.5cm。这样胸省量就会减少。前后侧缝长也从底摆向上取相同,结果,前袖窿深度加大,这就分散了前胸的省量。

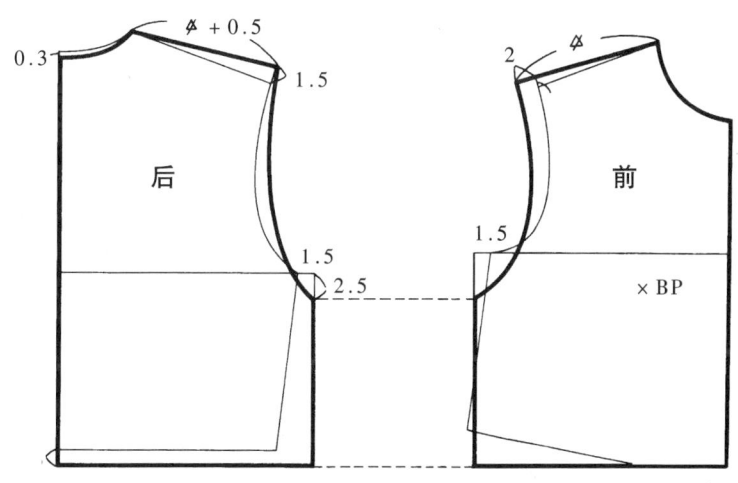

图3-61

把衬衣的胸围和袖肥加大是有必要的。前后身都在侧缝处放出。肩线在肩峰点抬高,使肩部持有余量,增大肩宽。因全身都较宽松,所以后肩的吃量无需太大。在肩峰点的抬高量中,后面比前面要多,这是为了防止肩线向后偏移的缘故。为了增大胸宽和背宽、增加机能性,袖窿线要画得平缓些。

2. 袖子(图3-62)

使用女子袖原型制图。把在身中加大的肩宽量从袖山中减去,降低袖山高。袖上肥由身的袖窿尺寸决定。但作为衬衣,袖山弧线的缝头经常倒向大身,这样就不需要袖吃量,前后都分别从AH中减去0.5cm。

3. 关于活动量、袖山高和袖上肥(图3-63~图3-65)

袖山高加袖底缝长为袖长。胳膊自然下垂时(图3-63)和上举时(图3-64)的长度相比,可以看到a的长度在胳膊下垂时较长,而c的长度在胳膊上举时变长。用图3-65把它们表示出来,袖山的高度a变低后,袖上肥变宽,袖底缝尺寸c变长,成为易于活动的袖子。这就是衬衣袖的原理。

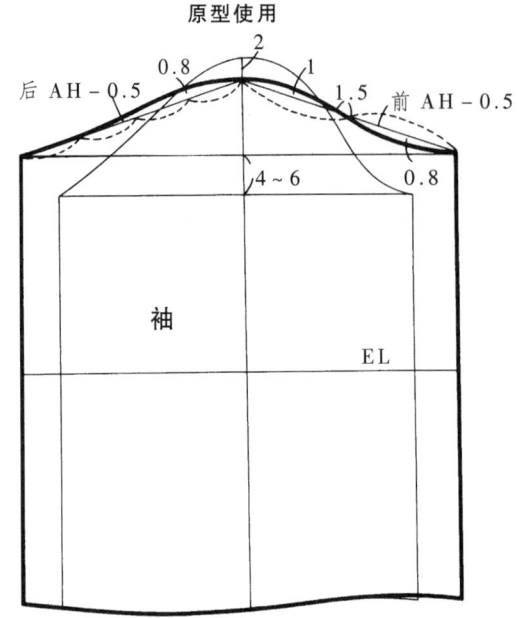

图 3-62

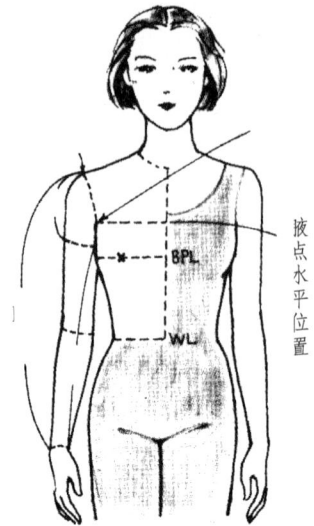

图 3-63

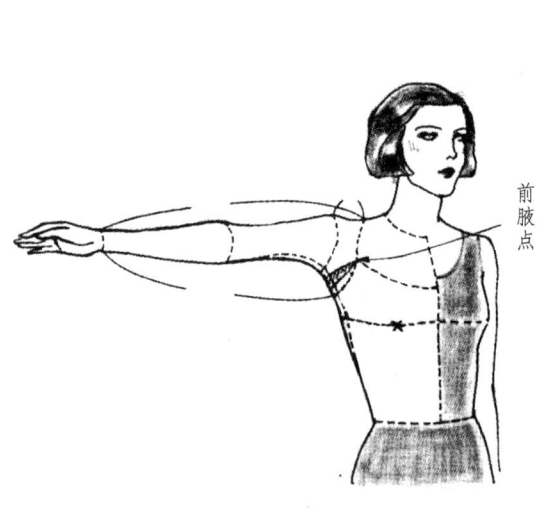

图 3-64

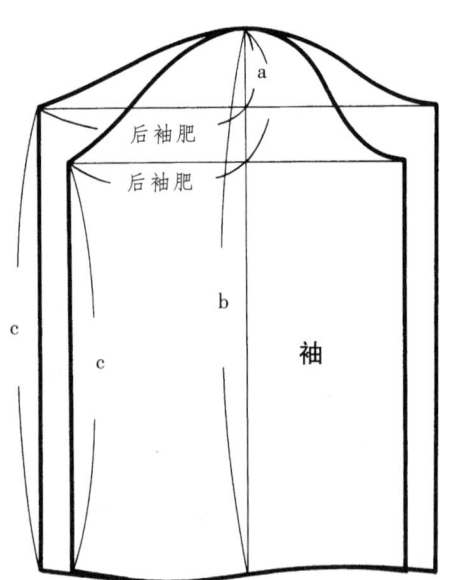

图 3-65

第四章
服装制作工艺的基础

一件衣服需要经过各种工程来完成。这些工程大体可分为三大类：手缝、机缝、熨烫。在批量生产中，这些工程分得更加细致，并将这些工程用各种记号来表示，作成工程分析表，它是工厂缝制作业的指南，公司用它来指导工厂的生产，这样可以提高生产效率，更能提高产品的质量。

素材与针的关系

针＼素材	薄素材	普通素材	厚素材
机针	9号	11号	11、14号
手缝针	8、9号	7、8号	7、8号

棉麻

素材与线的关系

线＼素材	薄素材	普通素材	厚素材
机用线	棉线80、100号 化纤线90号	60、80号 60号	50号 60号
手缝线	棉线80、100号 化纤线90号	60、80号 60号	40、50号 60号
扣眼用线	棉线50、60号 化纤线60号	40、50号 30、60号	20、30号 30号

绢毛

线＼素材	薄素材	普通素材	厚素材
机用线	丝线50、100号	50号	50号
手缝线	丝线50号	手缝线	手缝线
扣眼用线	丝线50号	扣眼用线	扣眼用线

针织类

使用有伸缩性的针织用线如尼龙线。

化纤类

一般使用化纤线。

手　　缝（Hand　Basting）

手工艺是制作服装的一项传统工艺，随着缝纫机械的发展、运用和制作工艺的不断改革，手工工艺不断被取代，但就目前缝制服装的状况看，尤其是缝毛料服装，很多工艺过程仍依赖于手工工艺来完成，另外，有些服装的装饰仍离不开手工工艺，手工工艺是项重要的基本工艺。

绷针缝

这种缝法主要作用是使两层以上的衣片固定在一起，不易移动，便于下步加工。

绷缝法主要作用可分为两种，一是结合部位或部件先经绷针缝后，它只起临时作用，加工完毕，缝线被去掉了，比如假缝试穿。如图4-1a是机器不能缝合的地方，采用绷针缝来结合，如里布与表布缝头的结合，如图4-1b。

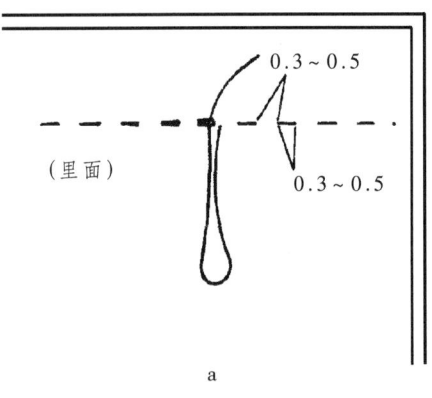
a

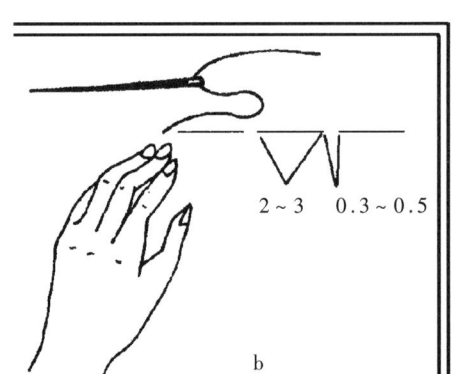
b

图 4-1

半环针缝

如图4-2那样，一边将针回到原来针眼位置的二分之一处，一边缝下去。多用于两块布的固定。

环针缝

一边将针回到原来针眼位置，一边缝下去。如果使用密集的环针缝，可代替机缝。如图4-3。

抽缝

极细的手缝方法。只是针尖运动，多用于抽褶、抽袖包。如图4-4a、b。

搬缝

搬缝的作用，是使产品部件定型或辅助定型，搬缝采取直插针，搬线成斜形。从搬缝所起的作用上又可分成两种情况：一是产品部件或部位压明线，这种搬缝只起辅助定型作用，扎完明线后，缝线拆除；二是产品通过搬缝加工达到永久定型的要求。如图4-5。

拱缝

在产品的缝制过程中，采用拱缝的部位不多，一般在毛料服装不压明线的前襟直口和脖头的拨印部分采用。它不仅要使部件定型，还要求在产品的表面不漏出明显针迹，在方法上采取倒环针的形式进行加工。

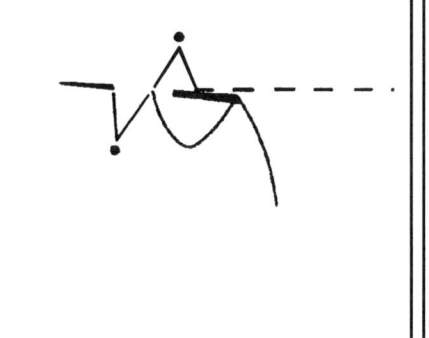
图 4-2

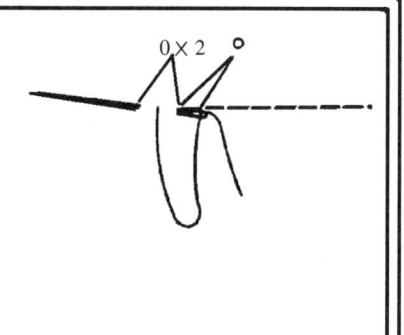
图 4-3

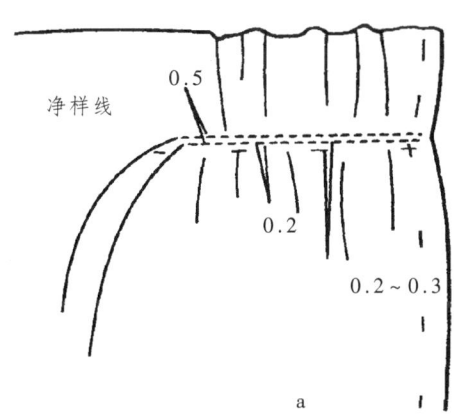
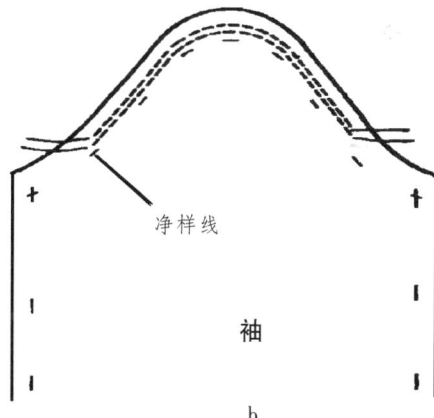
图 4-4

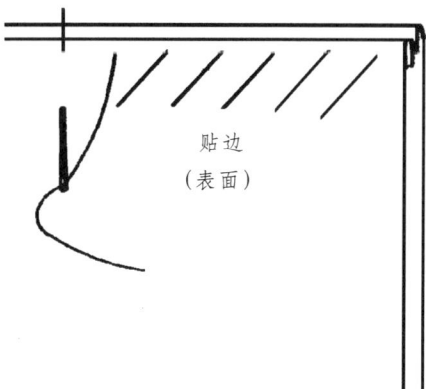
图 4-5

贴边与缝头固定的情况,如图4-6a。

上拉锁的情况,如图4-6b。

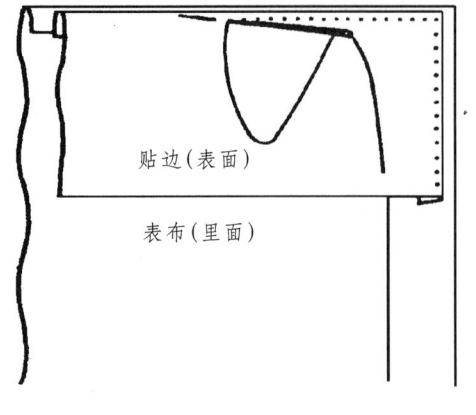
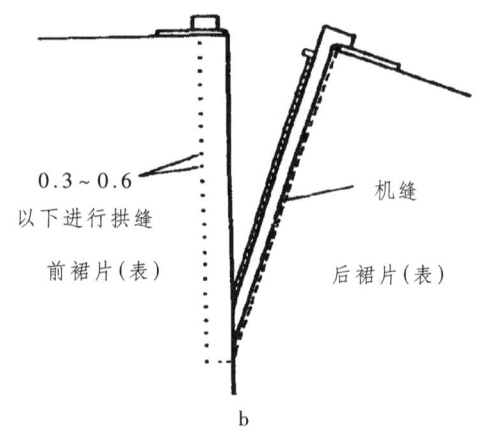

图 4-6

直卷缝

线与机缝线同色,稍比机缝线粗,针目与裁剪线成直角,针码较密。如图4-7。

纳缝

多用于西服领及翻驳处,将衬固定在表布上,但线和针都不穿透表布。如图4-8。

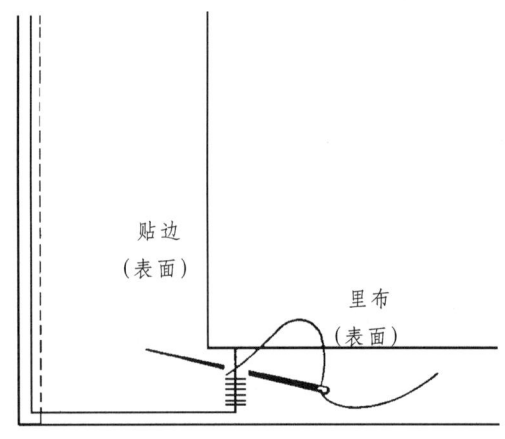

图 4-7

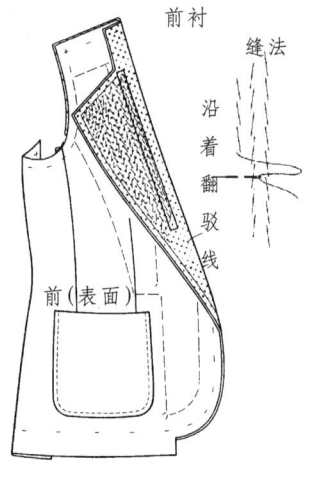

图 4-8

斜卷缝

多用于领的翻驳线处,使外回的余量、衬和贴边,很好地稳定下来。针与翻驳线成直角,斜着缝下去。如图4-9。

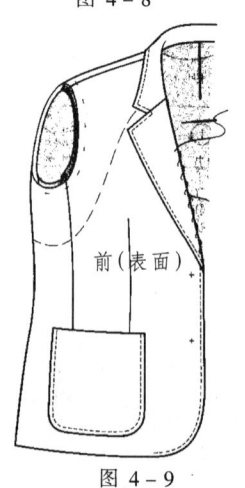

图 4-9

落针缝

在缝线间或缝线沟内进行针缝,使缝头稳定下来。如图4-10。

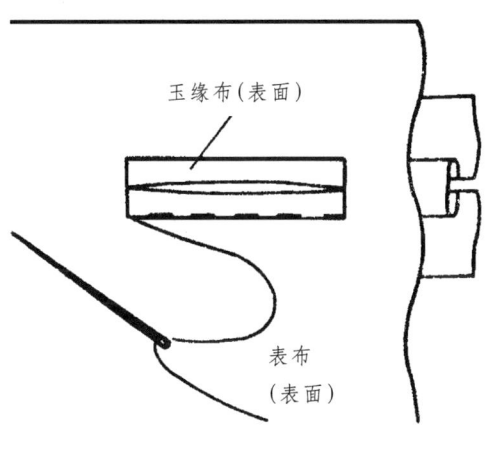

图 4-10

线钉

线钉在产品生产过程中的作用是缝头、尺寸、结合部位的标志。各种毛料服装在制作前,首先要进行这道工序,服装完成后,线钉作用即行消失。

还有不能用画粉作标记的布料,也采用打线钉的方法。这些布料除毛料外,还有毛较长的混纺面料、丝织品等。

用双线,其要领与绷针缝相同。直线处,针码稍大一些;曲线处,针码小一些。如图4-11。

直线缝

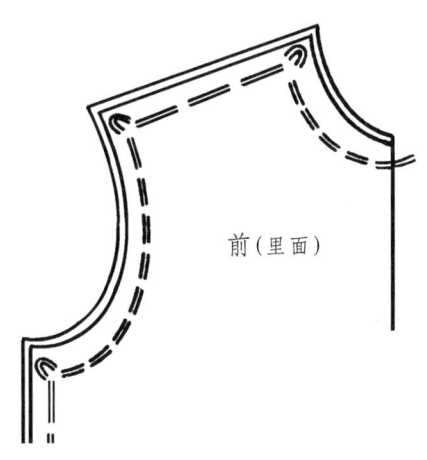
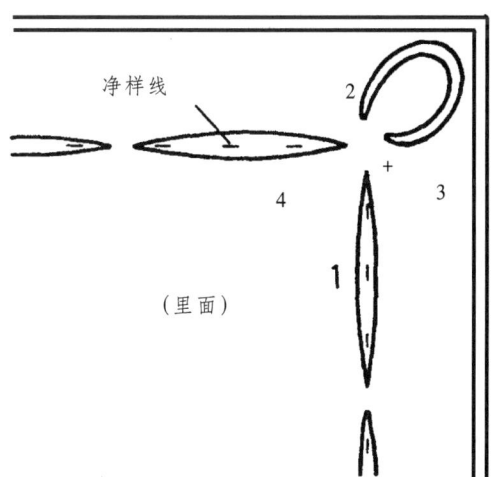

图 4-11(1)

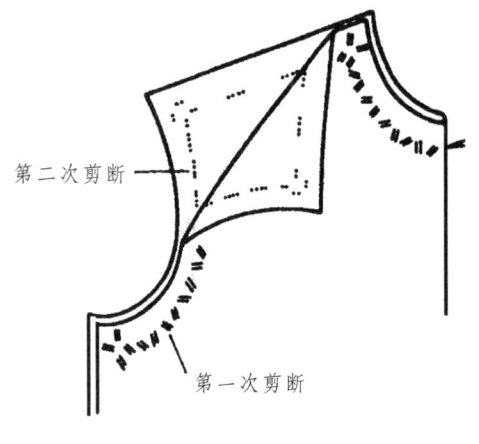 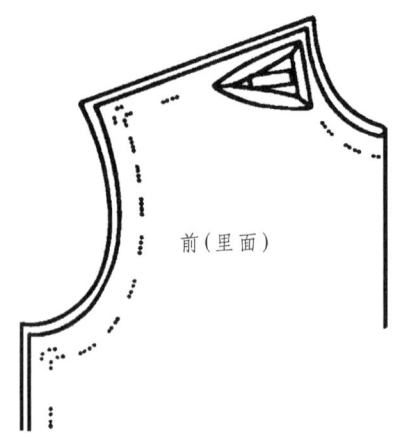

图 4-11(2)

机　　缝

用手指压着布,稍稍用力扒着进行缝制,缝制开始和结束,注意打回针。

角缝

缝至有角度的地方,将机针扎着布,抬起缝纫机的压脚,然后,改变布的方向,这样,会缝得比较漂亮。

曲线缝

缝至曲线处,将压脚的压力稍稍松一松,这样,布可以自由弯曲着移动。

装饰缝

装饰缝兼有设计作用,但主要作用是将缝份和衬固定,一般使用缉明线用的线,或锁扣眼用的线,也可以变化着使用不同颜色的线,这样具有一定的立体感。

缝头的处理方法

特种机缝

(1)特种机缝缝后,将布边切去。如图4-12a。

(2)特种机缝后,将布边折起来,进行一般机缝。多用于薄布料。如图4-12b。

锁边

将多余的缝头剪去,然后进行锁边机锁边,这是最常用的缝头处理方法。如图4-13。

端机缝

多用于比较薄的棉、麻、化纤面料的缝头处理。如图4-14。

包缝

(1) 布的表面与表面合起来进行机缝后,将一片的缝头剪去$\frac{1}{2}$或稍比$\frac{1}{2}$多一些(或最初裁剪时,使两片的缝头幅宽有一定的差),如图4-15a。

(2)使幅宽的缝头包着幅窄的那一片,然

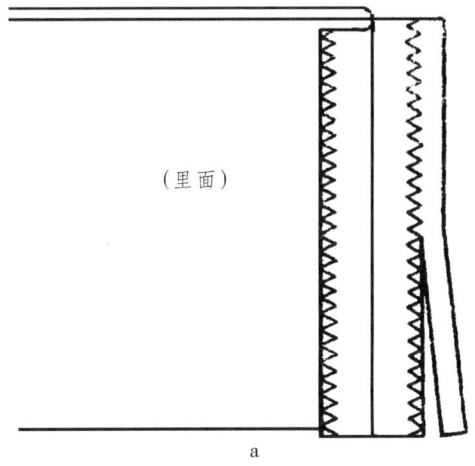
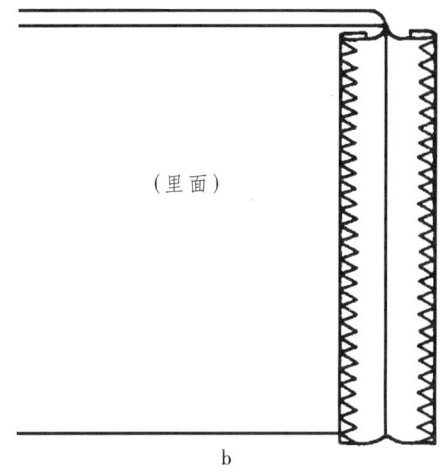

图 4-12

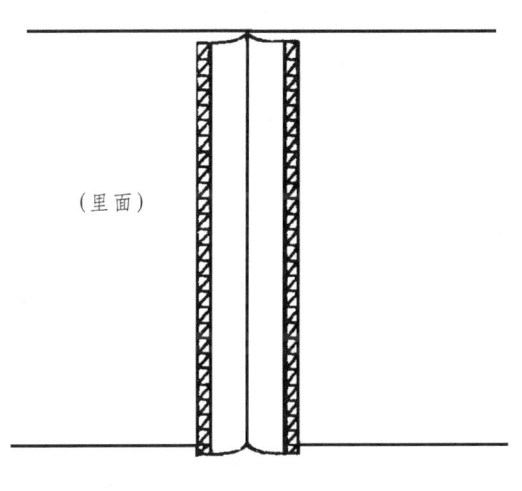

图 4-13

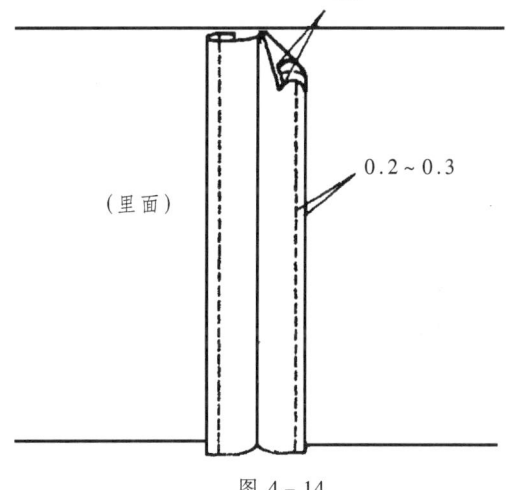

图 4-14

后使缝头朝缝头窄的那一片倒，之后，进行熨烫。如图 4-15b。

（3）然后从里面压明线缝。如图 4-15c。

袋缝

适合于透明、容易毛边的布料缝制。

（1）首先将两片布料里对里，然后距离净样线 0.5cm～1cm 的外侧进行机缝，之后，将两片缝头剪至 0.3cm～0.7cm，用熨斗劈缝熨烫。如图 4-16a。

（2）最后将布料表面对表面，在净样线上压明线。如图 4-16b。

劈烫缉缝

布的表面对表面进行机缝，熨烫劈开缝头，将缝头的边缘分别折进 0.5cm，左右缝头的幅宽固定后，从表面压明线。如图 4-17。

劈烫扦缝

此方法的要领与斜卷缝相同，或者机缝后进行斜卷缝，适合于不透明、有一定厚度且不易毛边的布料。如图 4-18。

锯齿切剪

锯齿切剪后，缝头的端成为斜纱，不易毛边，在设计上，有将其放在布的表面，然后压明线的方法。此方法不适合用于易毛边的布料。如图 4-19。

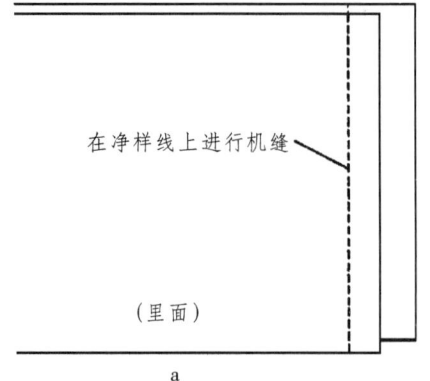
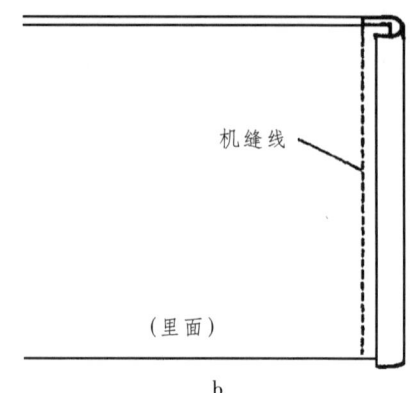

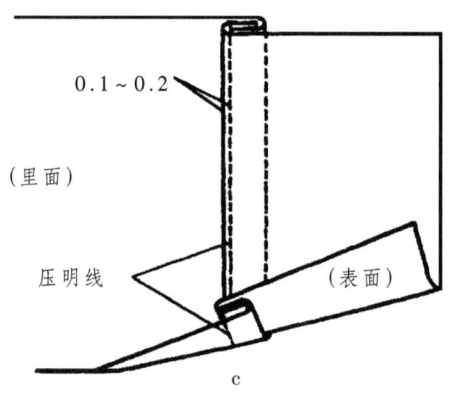

图 4-15

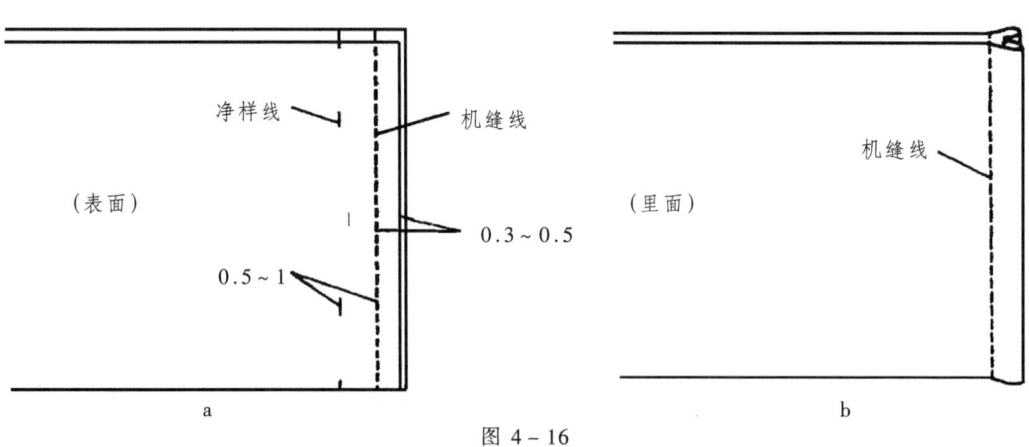

图 4-16

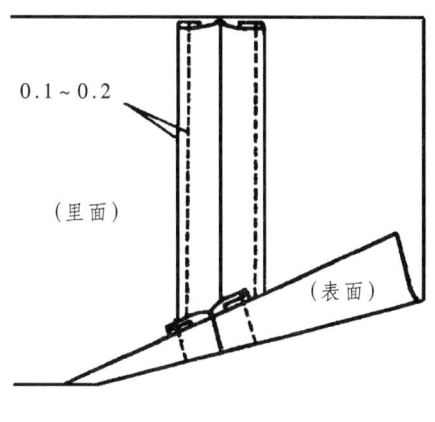

图 4-17

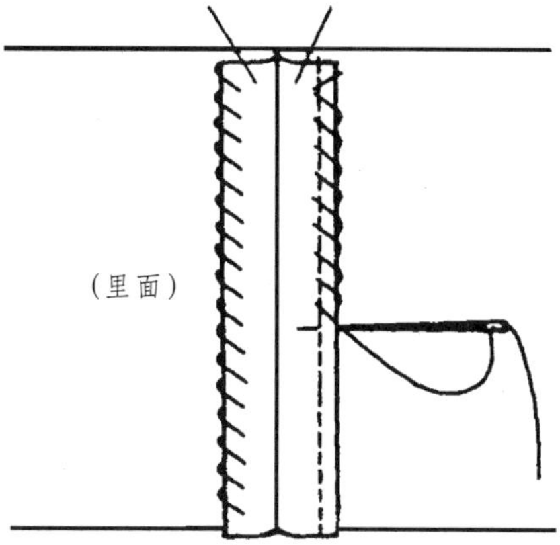

图 4-18

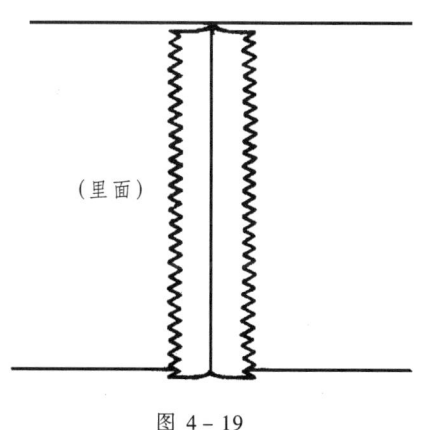

图 4-19

折边的处理方法

三 折 缝

布进行三折的缝法,在设计上,兼有压明线的作用,适合于机缝线不太显明的布料。

(1)不完全三折缝,适合于不透明的布料,如图 4-20a。

(2)完全三折缝,适合于透明的布料,如图 4-20b。

普 通 扒 缝

折上的布边缘,保持原裁剪边的那样,从左向右,交叉地小针缝,将缝头固定。主要用于附着全里面料的西服下摆、袖口的缝头处理。既有使产品的部件结合的作用,又有防止部件脱纱的作用。如图 4-21。

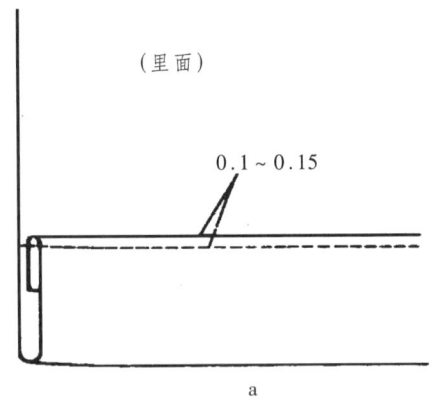
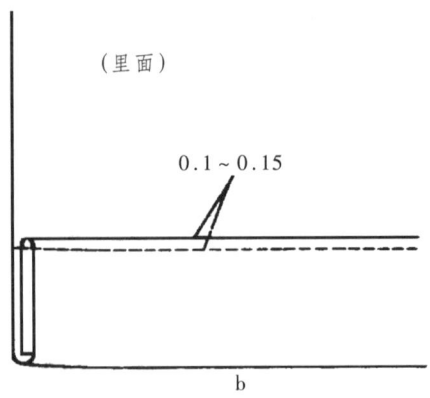

图 4-20

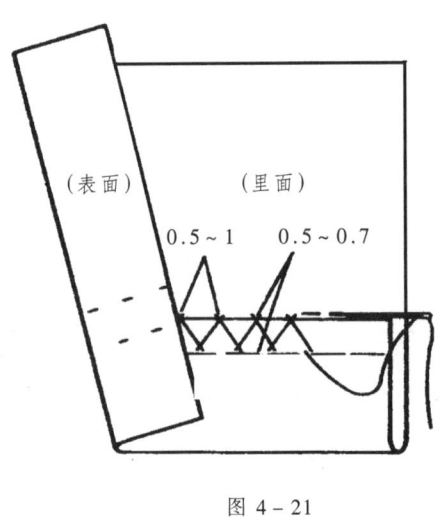
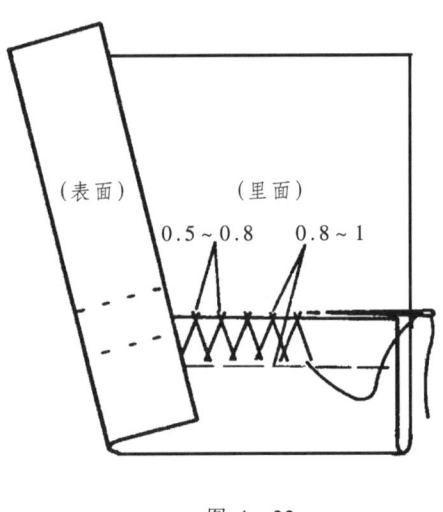

图 4-21　　　　　　　　图 4-22

直 立 扒 缝

比普通扒缝针目间隔窄,纵方向稍长,上下都通过表布。主要用于裤脚口的缝头处理。如图 4-22。

略 扒 缝

与普通扒缝、直立扒缝的缝向相反,从右向左,交互地缝,主要用于将防止伸缩的衬条固定在表布上。如图4-23。

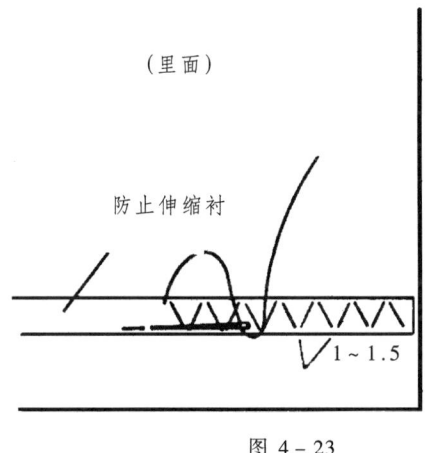

图 4-23

三 折 边

多用于布边处理,如装饰用的花边、蝴蝶结之类的布条。

(1)第一次机缝后,将多余缝头剪去。如图4-24a。

(2)其后再折一次,第二次进行机缝,两次机缝线重叠起来比较好看。如图4-24b。

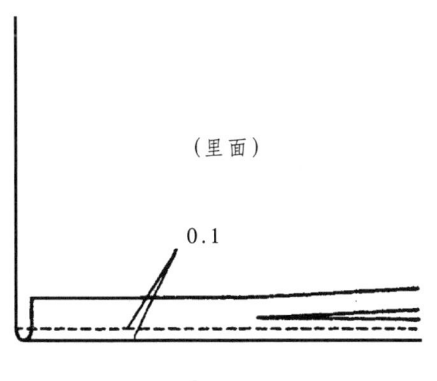
a

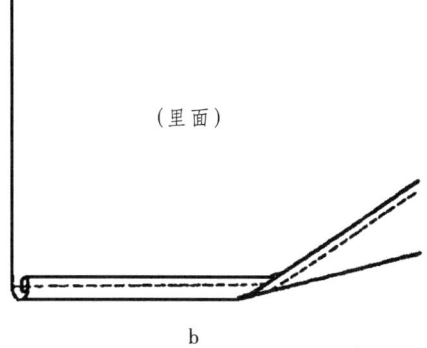
b

图 4-24

捻　缝

(1) 首先进行机缝,将多余的缝头剪去,使机缝边成为芯线。如图4-25a。

(2) 然后一边细细捻,一边用斜针法扦缝。如图4-25b。

主要用于柔软的薄面料、花边、下摆的处理。

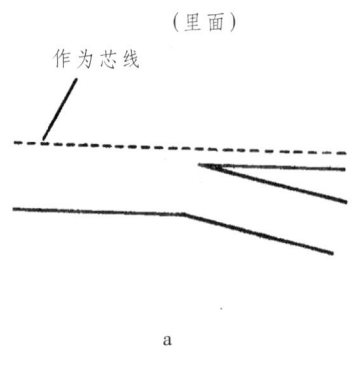
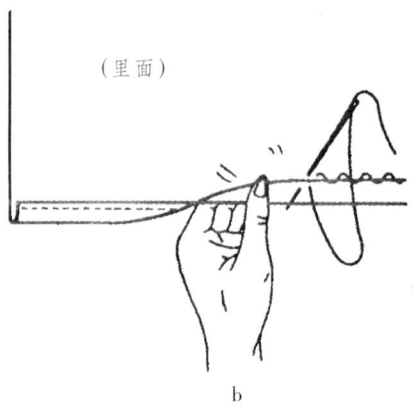

图 4-25

递　针　缝

机缝后,用熨斗将缝头劈开熨烫,然后用手扦法。针码像机缝那样纤细。如图4-26。

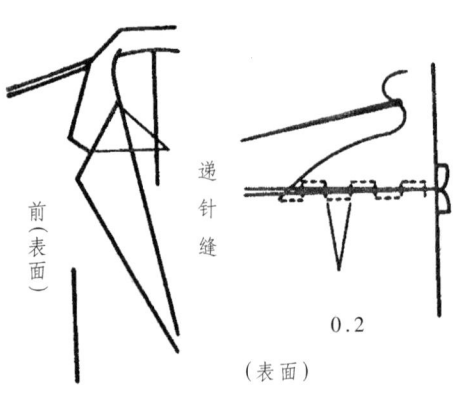

图 4-26

递针缝法,主要使用在领花口部位,部件缝子的表面不见针迹,形状与劈缝相似,适合不易采取机器钩缝的部位加工,而且还适合于多层部位的结合加工,从两部位边垂直递针,缝线拉紧。为了避免缝线滑扣,使结合部位松弛裂缝,最好每缝2~3针时,作回针缝。

手扦的几种方法

明 插 缝

(1) 直针法，多用于附里面料的袖口、袖窿处理。注意线不能太长。如图 4-27a。

(2) 斜针法，将表布与折线同时用极小针缝起来的方法。由于缝的针线是倾斜的，故取名斜针法。适合于像绢那样柔软的布料或里布的手扦。如图 4-27b。

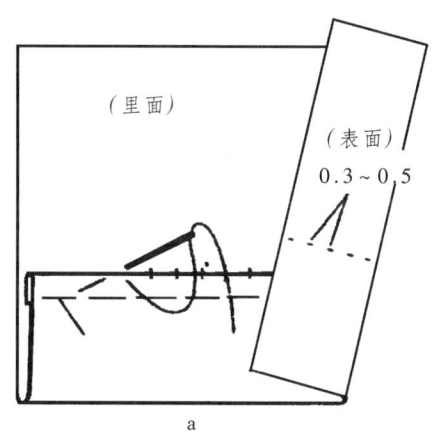
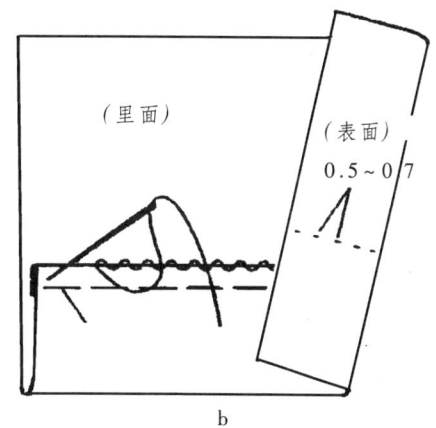

图 4-27

暗 插 缝

(1) 用于西服、半大衣的里布的下摆处理。为了防止表布伸缩，里布错位，如图那样，左手手指按住里布的折线，用斜针法缝。如图 4-28a。

(2) 用于裙子或无里面料的西服下摆的处理。这种方法用途比较广泛。

如图 4-28b 所示那样，左手手指按住锁边后折过来的缝头，然后反复用斜针法，有时也用八字针法。

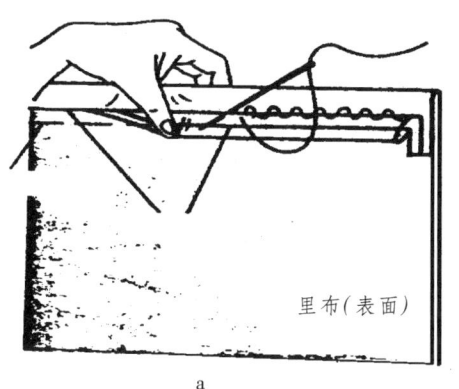
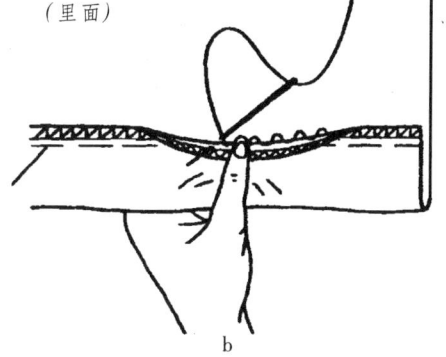

图 4-28

斜纱条的处理

斜纱条的制作

正的斜纱条与布的纱向成45°,如图4-29所示,进行裁剪。

纱条的幅宽,如果作为贴边使用时,幅宽为3cm左右。如果作为花边使用时,幅宽是花边宽的4倍,然后加上0.5cm~1cm的余量。

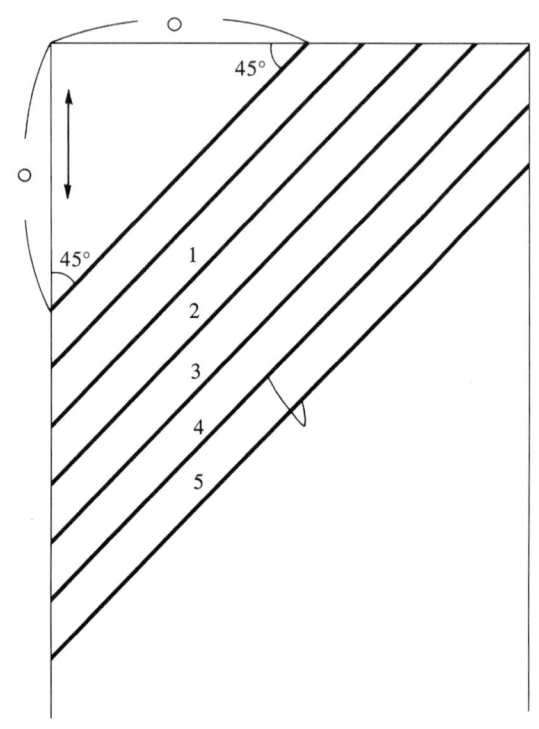

图 4-29

如图4-30a所示,注意布的纱向,将裁剪线整齐地合在一起进行机缝。

如图4-30b所示,将缝头劈开,熨烫,将多余的剪去。

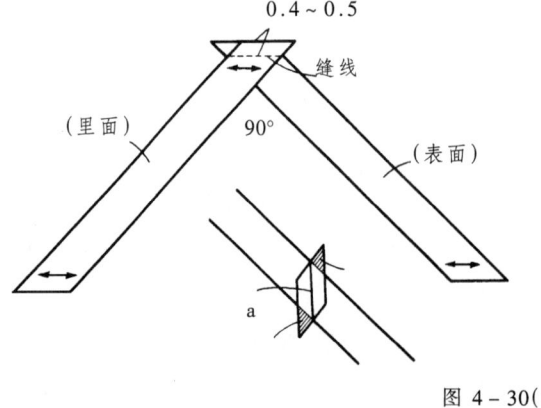

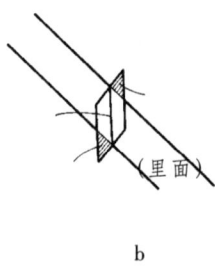

图 4-30(1)

如图4-30c所示,如果一次裁剪成长的斜纱条时,将全部缝合在一起,做上标记,然后裁剪。

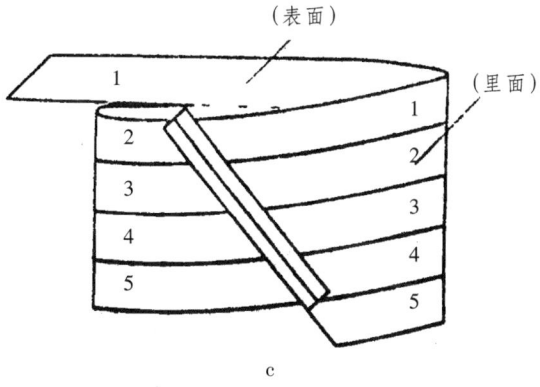

图4-30(2)

做成花边使用前进行熨烫,如图4-31所示,轻轻拉抻,使其平整美观。

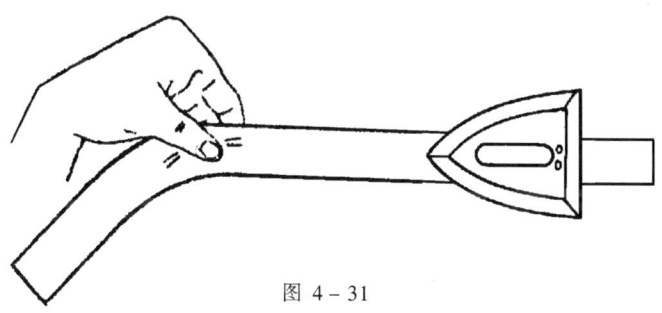

图4-31

如图4-32所示,折边熨烫。

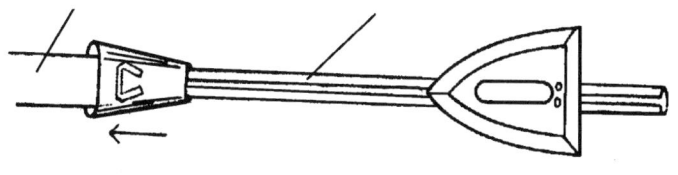

图4-32

斜纱条的使用方法

将斜纱条与表布表面相对,进行机缝,然后将纱条翻到表布的里面。如图 4-33 所示。

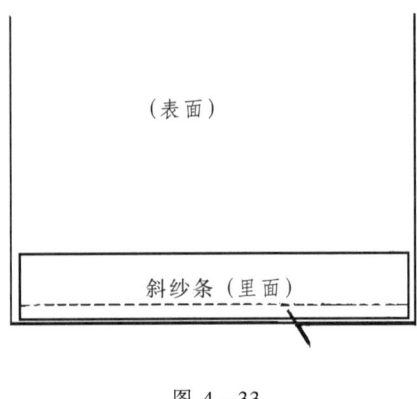

图 4-33

如图 4-34a 所示,进行手缝。

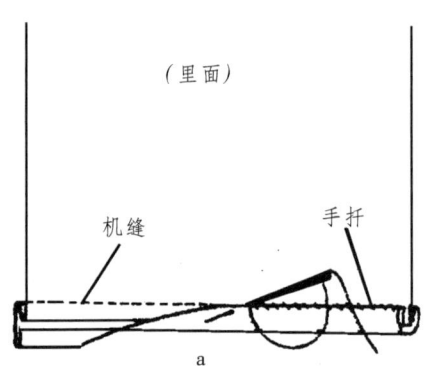

如图 4-34b,用于薄的透明的布料。为了使缝头的裁剪线不显眼,将斜纱条折成两层,然后如图 4-33 那样进行机缝,如图 4-34a 那样进行手缝。

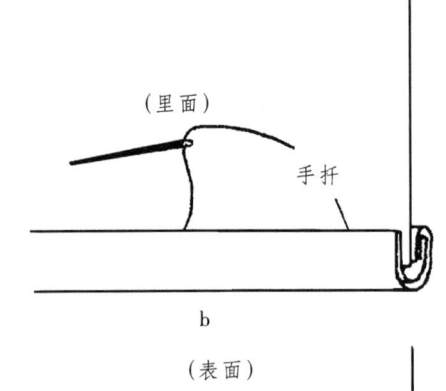

如图 4-34c,将斜纱条的边折起来,夹着表布的边,然后在纱条上压明线,要求斜纱条里面一次缝住。

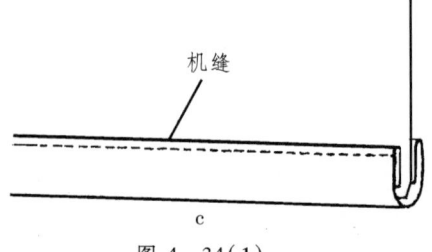

图 4-34(1)

将斜纱条先钩在面上,再将斜纱条折烫,翻转到里面,宽度比表面略宽,然后,看表面如图 4-34d 缉压明线,要求缝住里面斜纱条。

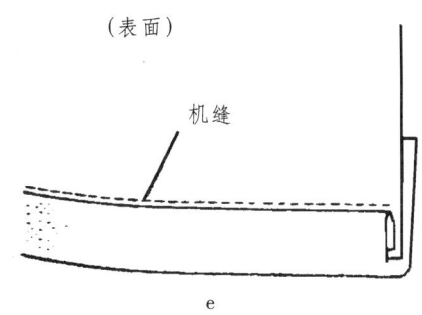

d

也可以定好纱条表面宽度,钩好后直接翻向里面,将里面纱条展开,缉压明线。多用于大衣、外套等的缝头、下摆处理。如图 4-34e。

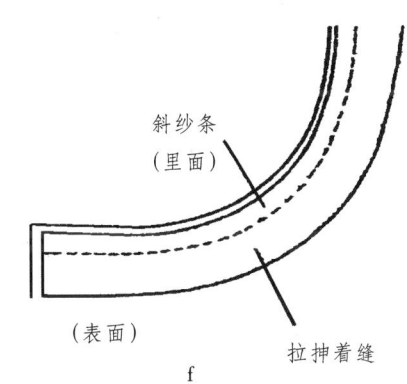

e

有弧度的部位加斜纱条时应注意,向内的弧度适当用力拉抻着纱条钩缝。如图 4-34f。

f

向外的弧度,适当在弧度大的部位,留有吃量进行钩缝。如图 4-34g。

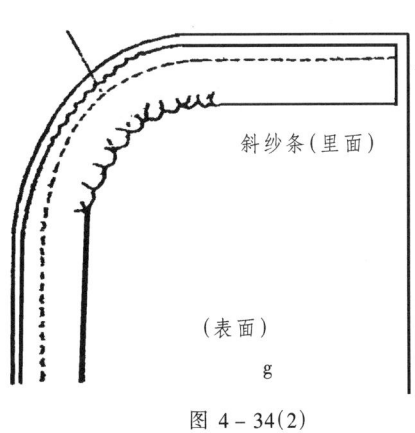

g

图 4-34(2)

扣眼的制作方法

手工锁眼，在服装生产中已被各种型号的锁眼机所代替，但对于一个服装技术人员来说，对手工锁眼应具备一定的技术。

手工锁眼时，一般使用30号的棉或的确良线、丝线。线的长度，大约是眼孔的30倍，在锁眼途中，注意不要让线劈开。

锁 扣 眼（1）

（1）将扣眼大小确定，一般宽0.4cm，长是扣子直径＋扣子厚度（0.3cm），然后机缝。容易毛边的布料，在扣眼中也要来回进行几道机缝，防止脱纱。如图4－35。

（2）在扣子中央剪开切口。如图4－36。

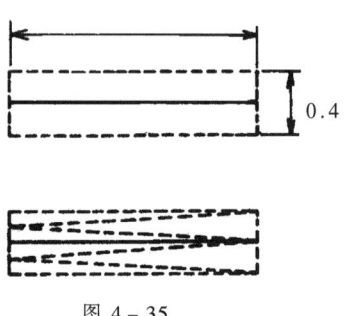

图 4－35

图 4－36

（3）首先在扣眼周围扦上一圈芯线，然后如图4－37那样，一边做结球，一边锁下去。

（4）一侧锁眼完后，在角的地方成放射状，然后同上次一样，一边结球，一边锁。如图4－38。

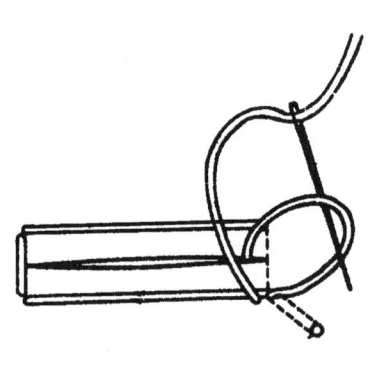

图 4－37

（5）如图4－39所示那样，锁到最后，将针插入最初锁眼的那根线。

（6）将线横方向缝两针。如图4－40。

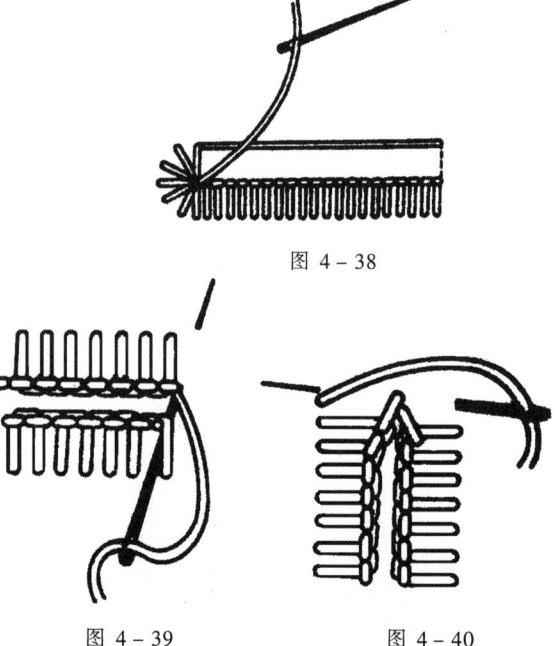

图 4－38

图 4－39　　图 4－40

(7)在纵方向缝两针。如图4-41。

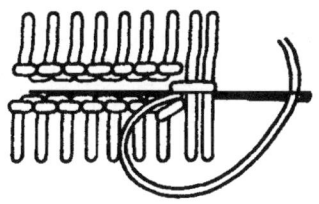

图4-41

(8)在里侧来回两次穿过锁眼针目,不用做线结直接将线切断。如图4-42。

(9)锁眼完毕后,注意不要忘记将最初做的线结切去。如图4-43。

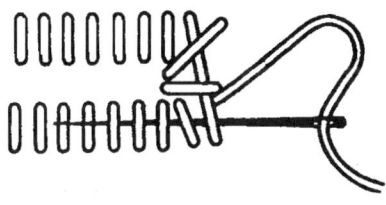

图4-42

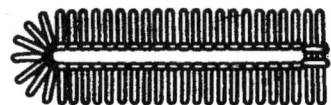

图4-43

锁 扣 眼(2)

此锁眼多用于衬衣。由于两端都纵横方向缝了回针,所以比较结实,多用于纵方向的扣眼。

(1)做芯线。如图4-44。

(2)一侧锁眼完后,纵横方向缝回针,然后最初的一针穿过结线球的那一针,最后与前面一样锁眼。如图4-45。

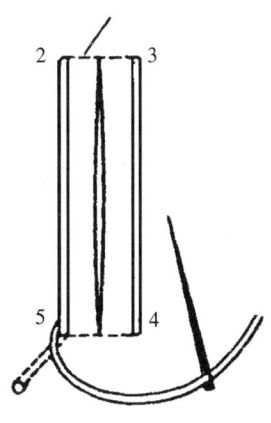

图4-44

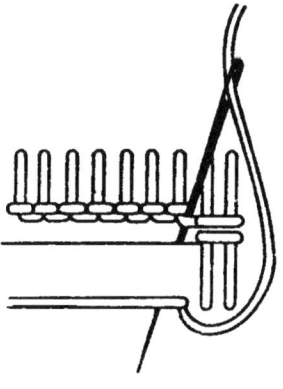

图4-45

(3)完成品如图4-46。

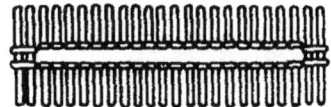

图4-46

锁扣眼（3）

多用于西服、大衣等较厚材料的锁眼。由于扣子的线足是在圆孔外，所以比较平稳。

(1) 首先在扣眼周围进行机缝，开圆孔，打剪口。如图4-47。

(2) 做芯线，注意在圆孔周围细缝。如图4-48。

(3) 最后要领与第一种锁眼一样，在圆孔周围也一样成放射状。如图4-49。

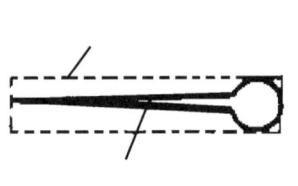

图4-47

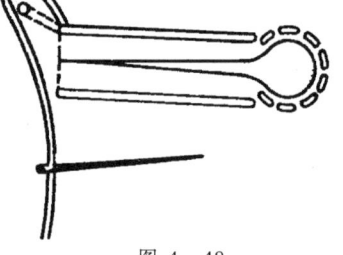

图4-48

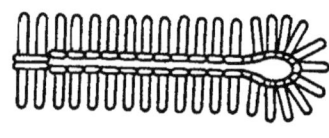

图4-49

锁扣眼（4）

最近，使用金属用具比较多，此扣眼用于裤带扣、皮带扣的固定。

先开了圆孔后，在圆孔周围做芯线，如图4-50所示，圆孔周围呈放射状地锁眼。

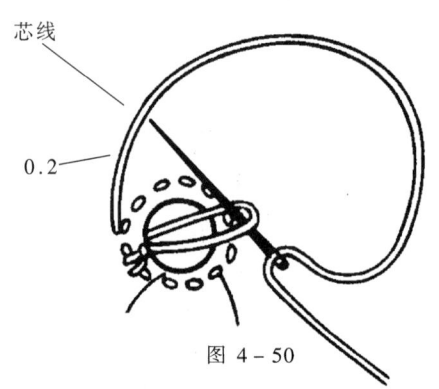

图4-50

装饰用扣眼

多用于西装的驳头、袖口开衩处。扣眼没有切口，是装饰用的扣眼。有两种方法：第一种与锁扣眼（1）相同；第二种是刺绣式的丝网眼。如图4-51、图4-52。

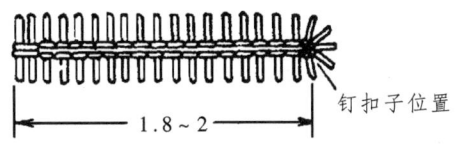

图 4-51

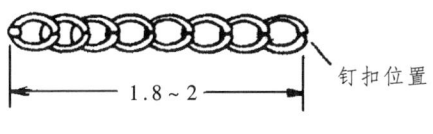

图 4-52

玉 缘 扣 眼

玉缘扣眼用于设计比较讲究的连衣裙、西服外套。一般,扣眼中的玉缘布与表布相同。

(1) 如图 4-53 裁出玉缘布,其纱向根据面料而不同。

(2) 将玉缘布与表布的表面对表面,进行机缝,然后在扣眼中心剪口。如图 4-54。

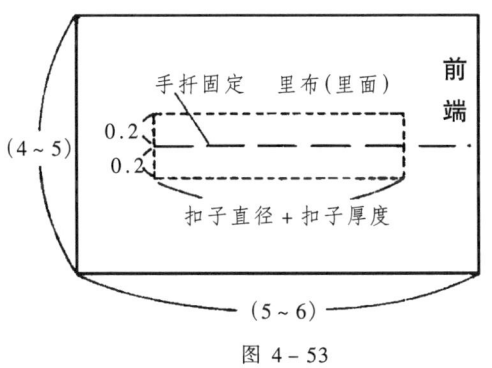

图 4-53

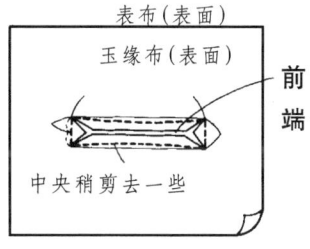

图 4-54

(3) 将玉缘布翻到里面。如图 4-55。
(4) 将翻至里面的玉缘布进行熨烫,整理扣眼形状,使两端能看见表布。如图 4-56。

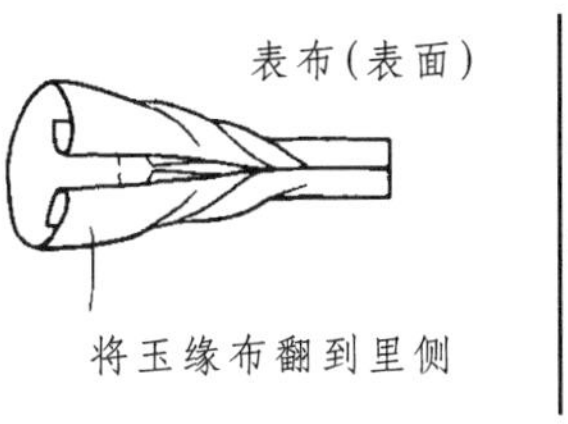

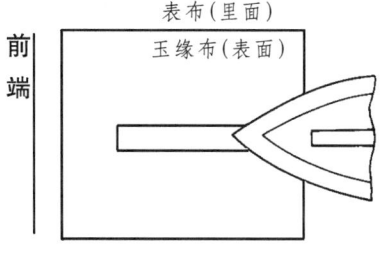

图 4-55

图 4-56

(5)将表布与玉缘布的缝头进行熨烫。如图4-57。

(6)边看表侧,边整理玉缘布的幅宽及其形状。如图4-58。

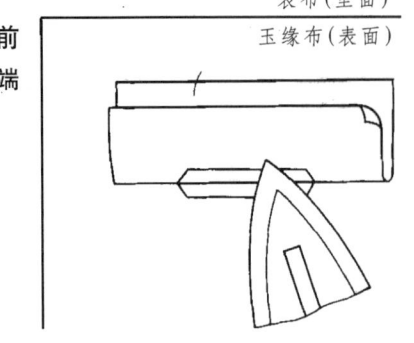

图4-57

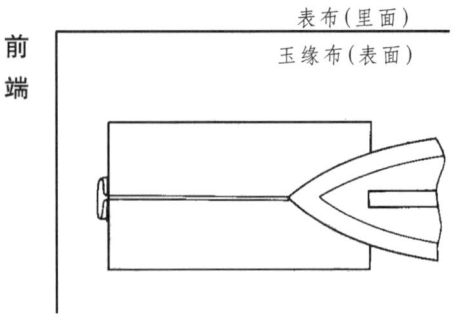

图4-58

(7)从表侧进行落针缝将玉缘布固定。如图4-59。

(8)如图4-60所示,在缝头折线上进行机缝。

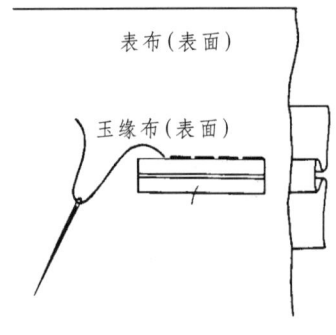

图4-59

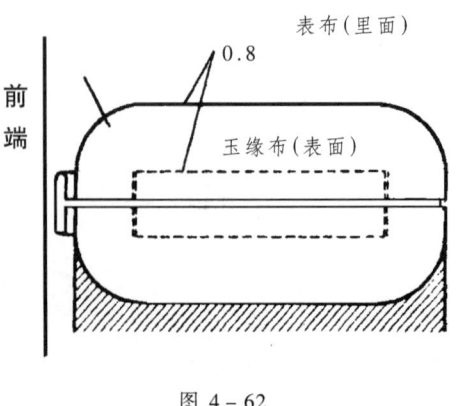

图4-60

(9)将三角布、玉缘布进行三回机缝固定。如图4-61。

(10)将多余的玉缘布剪去,使其角成为圆弧形。如图4-62。

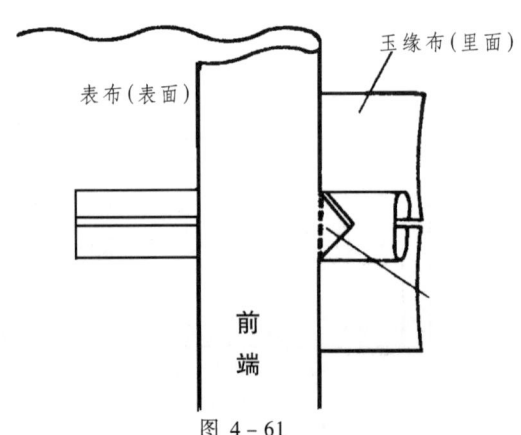

图4-61

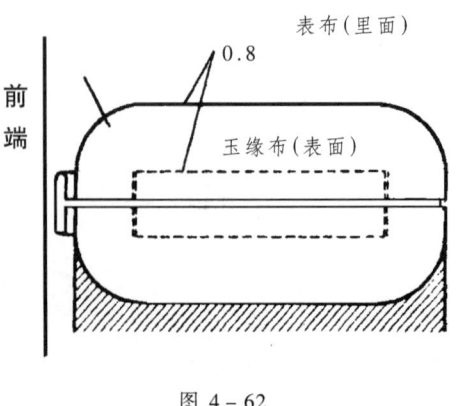

图4-62

(11) 将贴边与表布，在玉缘扣眼四角用大头针固定，然后在贴边上做出玉缘扣眼的记号。如图 4-63。

(12) 在记号中心剪成 >——< 剪口，将剪口处缝头折向里面。如图 4-64。

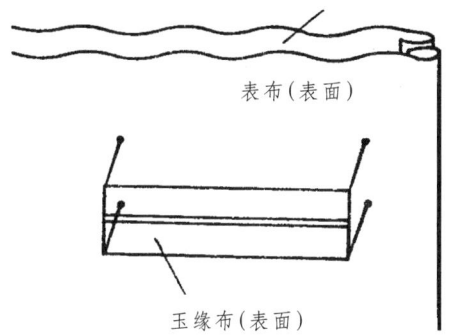

图 4-63

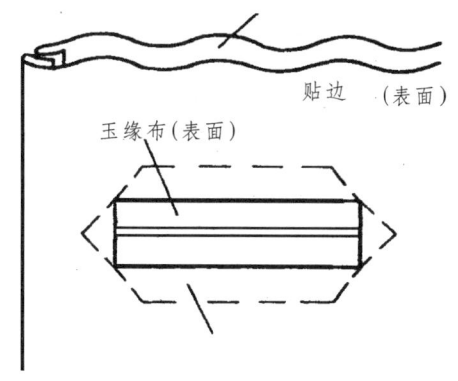

图 4-64

(13) 表面与贴边上两侧扣眼位置对正，用插针法缝合，针码要密实。如图 4-65。

(14) 玉缘扣眼完成。如图 4-66。

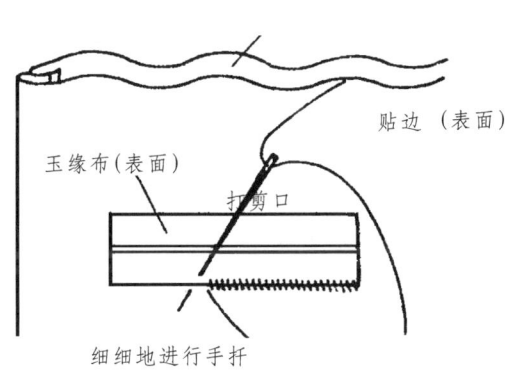

图 4-65

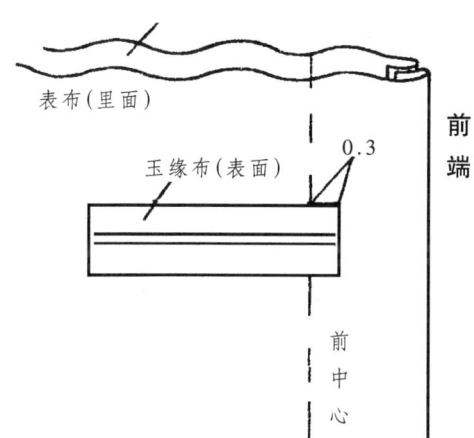

图 4-66

带孔的玉缘扣眼

多用于西服外套、大衣这些厚布料的情况。带线足的扣子固定在有孔的地方，比较平稳，而且扣扣子、解扣子比较方便。

(1) 如图 4-67 所示，将玉缘布固定在表布上，如果是厚素材，内侧缝成弧形。

(2) 将玉缘布翻至里面，熨烫整理扣眼形状，劈烫缝头。如图 4-68 所示。

(3) 将玉缘布的两端拉紧，前端侧形成如图 4-69 所示的三角形，从表面在如图位置进行落针缝。

(4) 如图 4-70 所示。进行机缝打结，将玉缘布固定在表布上，然后将多余玉缘布剪去，使其角成为圆弧形。

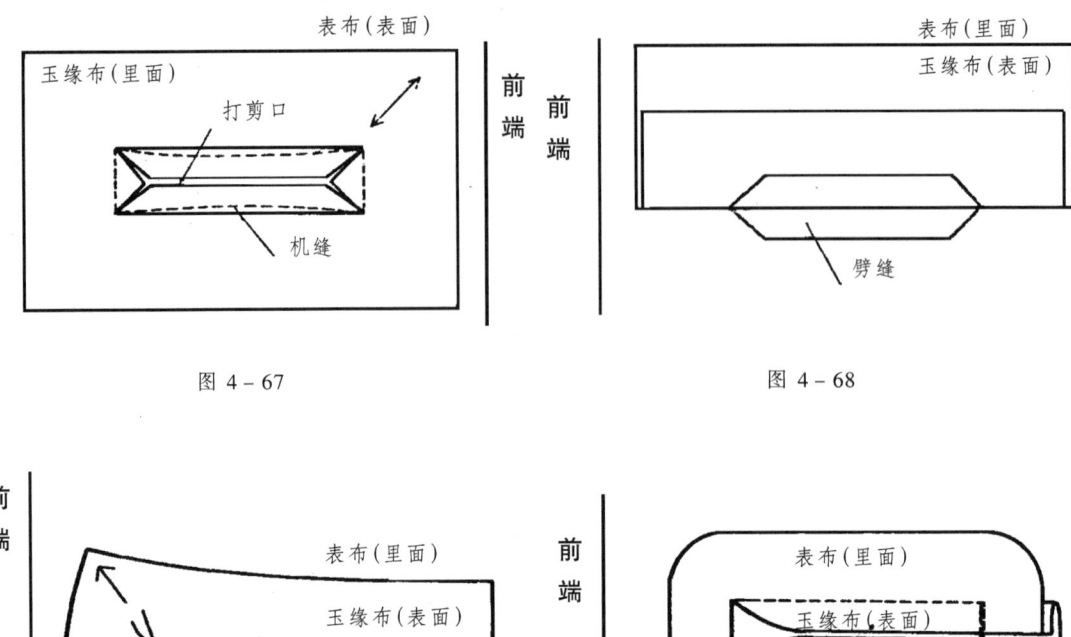

图 4-67　　　　　　　　　图 4-68

图 4-69　　　　　　　　　图 4-70

(5) 然后将贴边附在上面，打剪口后将缝头折进去，用细的插针缝。如图 4-71。

(6) 带孔玉缘扣眼完成。如图 4-72。

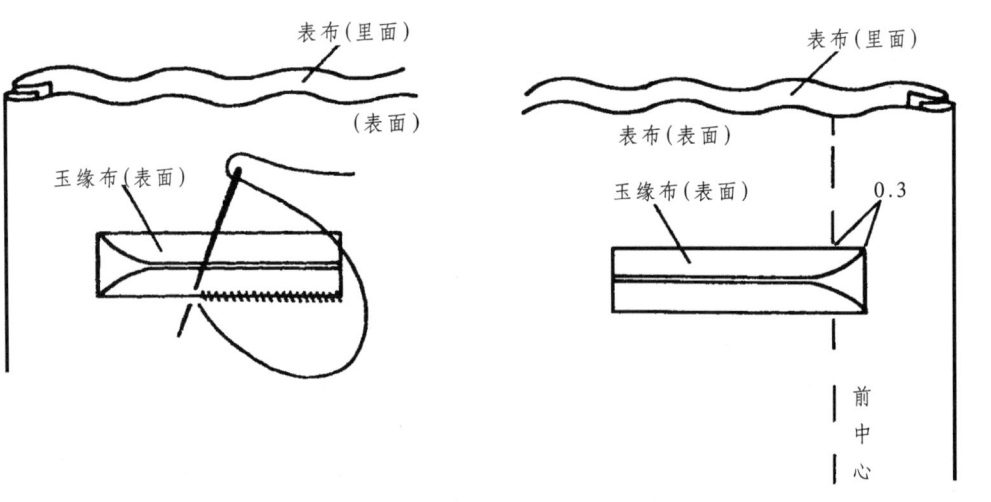

图 4-71　　　　　　　　　图 4-72

钉扣的方法

有线足无垫扣的情况

线足的长,比上前布的厚度稍长,最初与最后所做线结,不要留在里侧。

(1) 做线结,在布的表面缝成十字形。如图 4-73。

(2) 如图 4-74。

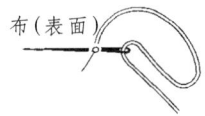

图 4-73

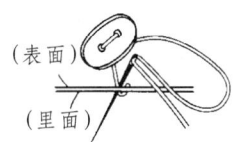

图 4-74

(3) 将线穿 2~3 回,使线足长比需要的厚度稍长。如图 4-75。

(4) 从上向下将线绕几圈。如图 4-76。

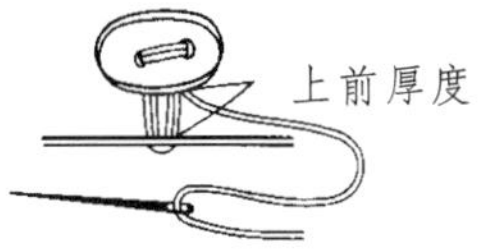

图 4-75

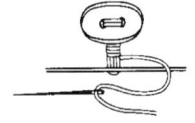

图 4-76

(5) 打一个线套,将线拉紧。如图 4-77。

(6) 来回穿二针,将针穿到里面。如图 4-78。

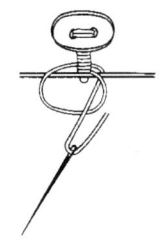

图 4-77

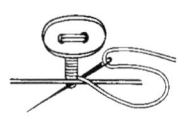

图 4-78

(7) 在里面做一个线结,然后,将线结拉至布间或线足的间隙中,齐根断去多余的线。如图 4-79。

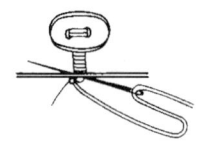

图 4-79

有线足有垫扣的情况

在西服、外套、大衣中使用。由于扣子比较大，对布料的负担就大，钉扣子，针线穿到里面时，将垫扣也钉上，垫扣不需要线足。如图 4-80。

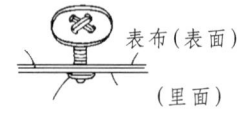

图 4-80

钉装饰扣的情况

钉扣的方法一样，但不需要线足。如图 4-81。

图 4-81

钉四个孔的扣子时

如果扣子上有小沟，沿着沟钉扣子即可，线成二字形。如果线交叉着钉扣子，线容易切断，且不结实、不牢固。如图 4-82。

图 4-82

钉按扣的方法

钉按扣比较简单。按扣(图 4-83)大小色彩丰富,用途也较广。厚面料,需用力的地方,钉大按扣。在不显眼的暗处钉按扣时,多用与表布同色的按扣。凹形钉在下前,凸形钉在上前。

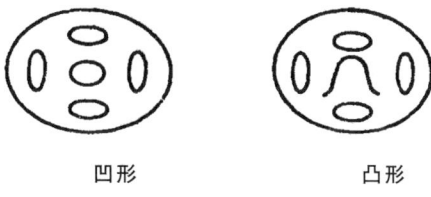

图 4-83

(1) 在钉按扣的中央,从表面先缝一针。如图 4-84。

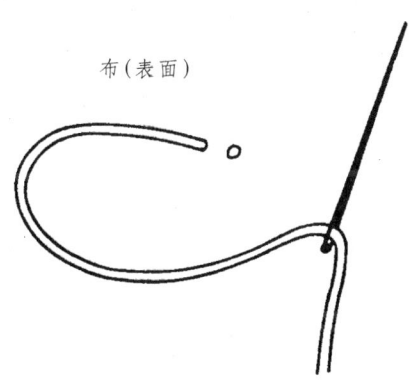

图 4-84

(2) 如图 4-85,与锁扣眼相同,每一小孔缝 3~4 针。

(3) 最初与最后的线结,放在按扣与布之间,不要留在里面。如图 4-86。

图 4-85　　　　　　　　　　图 4-86

钉挂钩的方法

金属制挂钩（丝状）

主要用于两片合在一起的设计上，不太用力的地方。上侧的钩稍距边缘线 0.2cm～0.3cm 左右，下侧的环与上侧钩相反。首先穿两根横线，将挂钩固定，然后与锁眼方法相同。应注意"吞钩吐环"的要领。如图 4－87。

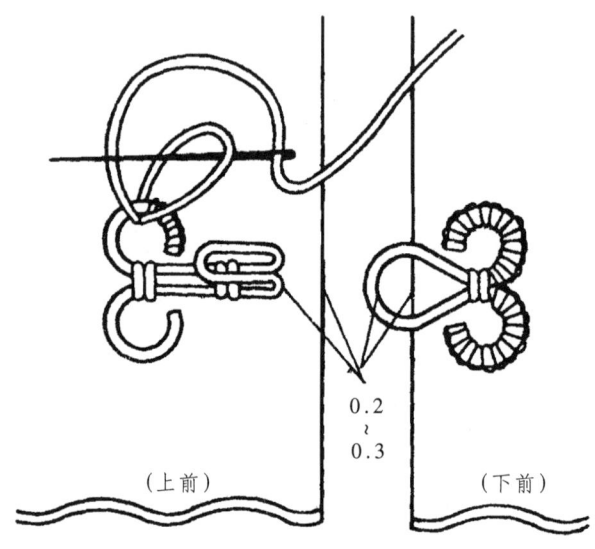

图 4－87

金属制挂钩（片状）

多用于比较易受拉力的地方，如裙子、裤子的腰带上。

注意钉挂钩的位置，挂钩钉上后，使全体造型比较美观、自然、平整。每个小孔做完线结后，将线切断。如图 4－88。

图 4－88

扣环的制作方法

扣环是用线或布制的,有线扣环和布扣环。线扣环主要用于腰带袢,裙、大衣的表布与里布固定。布扣环,主要用于扣扣子。

线 制 扣 环

(1) 多用于腰带穿入,相当于腰带袢的作用。首先将3根所需线穿入,使其长度为所需长度,要领与锁扣眼相同。如图4-89、图4-90。

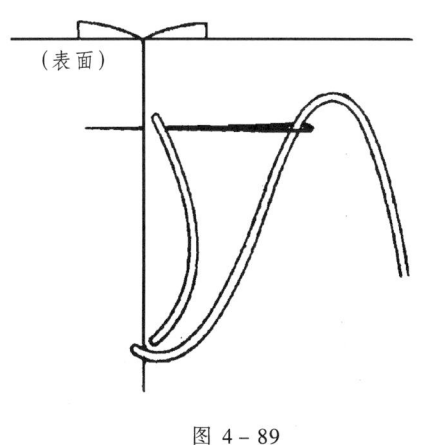

图 4-89

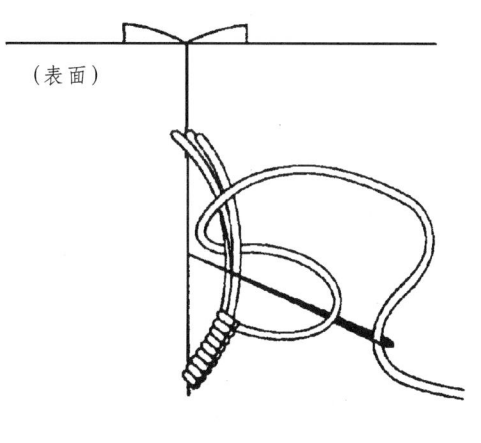

图 4-90

(2) 多用于将里布与表布固定。首先将线结牢牢固定在布上,然后用编织式的编下去的方法。编到适当的长度,最后将针通过环,引出线,牢牢固定后,在里面做一个线结。如图4-91、图4-92、图4-93、图4-94。

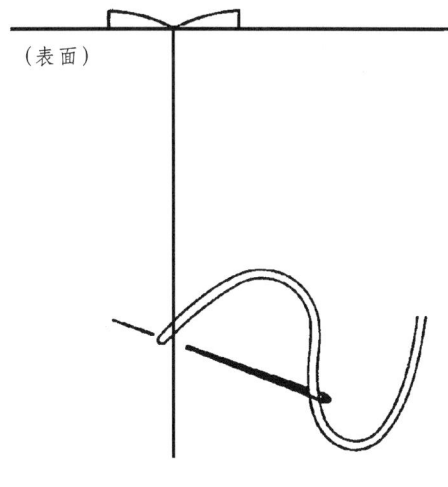

图 4-91

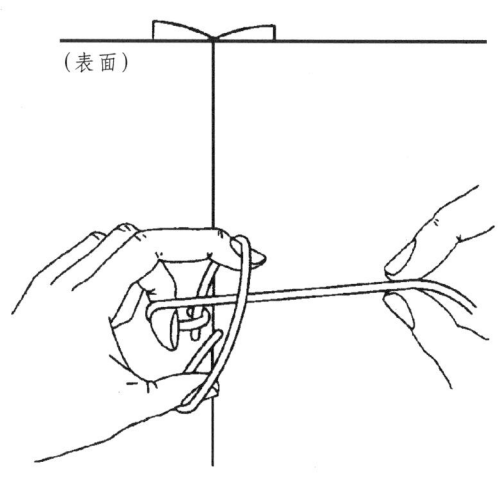

图 4-92

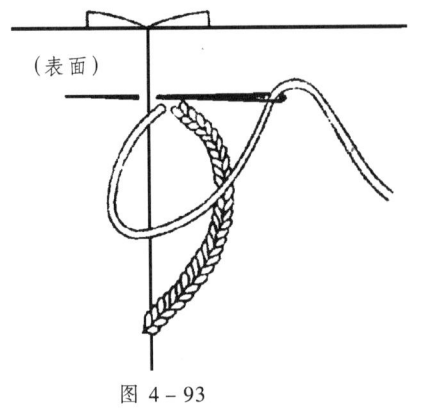
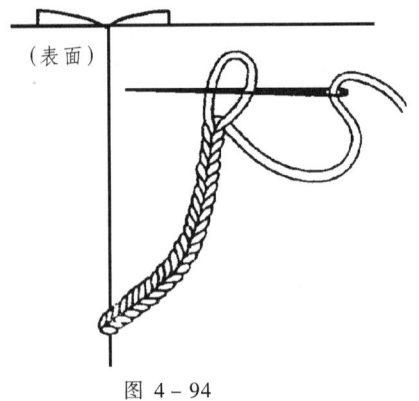

图 4-93　　　　　　　　　图 4-94

布 制 扣 环

（1）事先将斜纱条轻轻熨烫，使其表面对表面折成二折，在翻口处稍宽一些，用细针码进行机缝。

（2）将多余部分剪去，用针将扣环翻过来，使其表朝外。

（3）使缝线在内侧，熨烫整理幅宽，并使其成为弧形，这样布制扣环完成。如图 4-95。

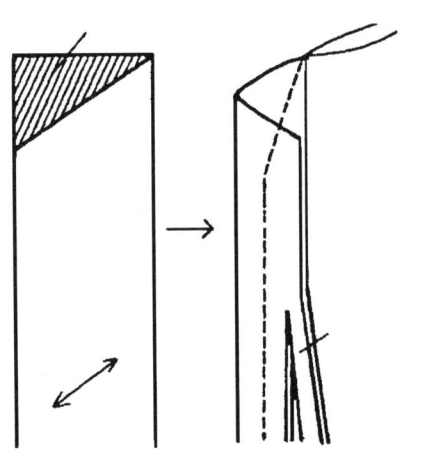
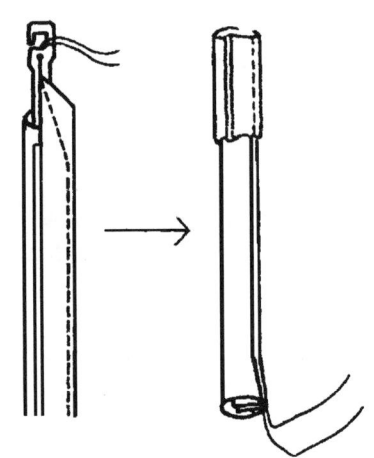
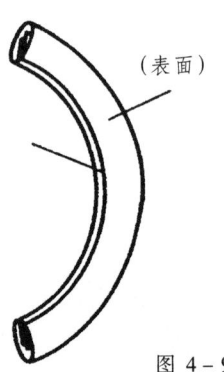

图 4-95

打　线　结

袋口两端、拉链终端等通常易受较大拉力的部位,使用线结。

如图 4-96,裤前门可用机缝回针,或特种打结机,完成打结。

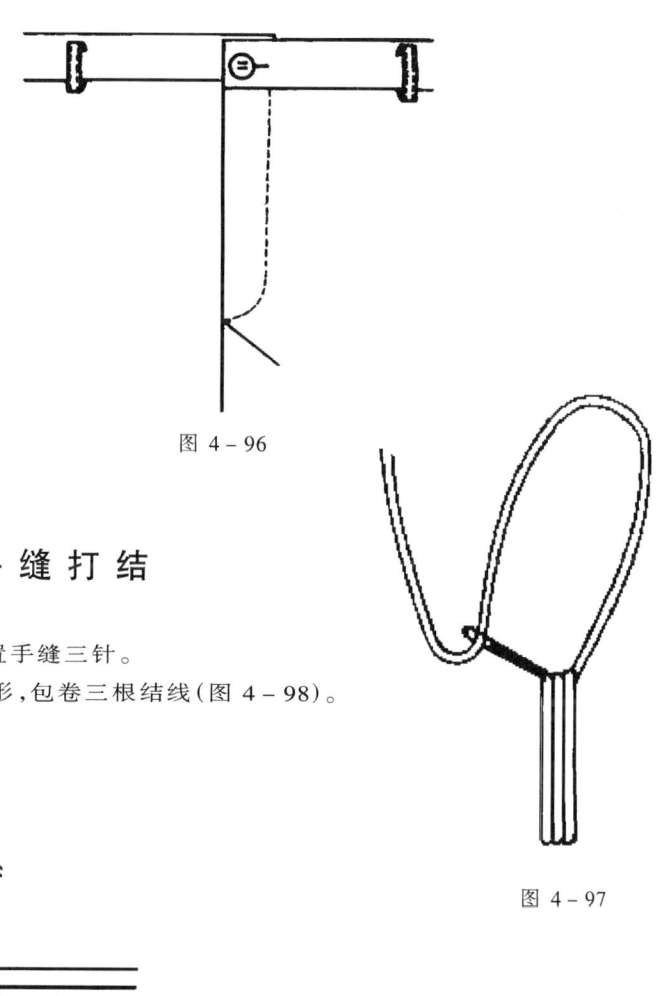

图 4-97

图 4-96

手 缝 打 结

如图 4-97,在打结位置手缝三针。
交叉运针,上针呈 8 字形,包卷三根结线(图 4-98)。
线结完成(图 4-99)。

(图 4-98)

图 4-99